Jan Hendrik Human

Cognição de gestão e reviravolta em empresas agrícolas na África do Sul

Jan Hendrik Human

Cognição de gestão e reviravolta em empresas agrícolas na África do Sul

ScienciaScripts

Imprint
Any brand names and product names mentioned in this book are subject to trademark, brand or patent protection and are trademarks or registered trademarks of their respective holders. The use of brand names, product names, common names, trade names, product descriptions etc. even without a particular marking in this work is in no way to be construed to mean that such names may be regarded as unrestricted in respect of trademark and brand protection legislation and could thus be used by anyone.

Cover image: www.ingimage.com

This book is a translation from the original published under ISBN 978-620-2-31536-4.

Publisher:
Sciencia Scripts
is a trademark of
Dodo Books Indian Ocean Ltd. and OmniScriptum S.R.L publishing group

120 High Road, East Finchley, London, N2 9ED, United Kingdom
Str. Armeneasca 28/1, office 1, Chisinau MD-2012, Republic of Moldova, Europe
Printed at: see last page
ISBN: 978-620-8-07187-5

Resumo

A turbulência económica mundial, a instabilidade dos mercados financeiros, a segurança alimentar, a apropriação de terras e as catástrofes naturais alteraram significativamente a paisagem agrícola nas últimas décadas. Estes impactos ambientais negativos alteraram a forma como os agricultores tiveram de adaptar a sua abordagem à gestão das suas explorações e mudar as suas acções em resposta a estes desafios complexos. O conhecimento de gestão é visto como uma alavanca importante que os agricultores podem utilizar para influenciar o crescimento ou o declínio das suas empresas e, no caso do declínio das explorações, para inverter essa tendência. A recuperação das organizações é frequentemente referida como um processo que serve para renovar as empresas, salvando-as da falência e transformando-as em empresas ágeis e sustentáveis.

Com informações limitadas sobre como gerir eficazmente estes riscos e tomar medidas informativas, sem poder controlar o contexto externo, a perceção interna e a sensibilização dos agricultores são de grande importância e podem, em última análise, fazer a diferença entre o sucesso e o fracasso financeiro.

Embora a literatura confirme que estes factores têm um impacto significativo tanto nas explorações agrícolas como nas empresas agro-industriais, existe muito pouca literatura sobre a forma como os agricultores podem transformar as suas acções no contexto agrícola e como estas podem ser ainda mais adaptadas ao contexto único da África do Sul. Para compreender este fenómeno empresarial, precisamos de saber como é que os agricultores sul-africanos percebem e respondem a estas complexidades numa perspetiva de cognição de gestão e como é que isso se repercute na recuperação quando se deparam com dificuldades financeiras.

O estudo foi efectuado através de uma abordagem qualitativa exploratória. Investigou-se quais os factores que influenciam a perceção da angústia e de que forma esta afecta o declínio e a recuperação organizacional nas explorações agrícolas da África do Sul. No total, foram realizadas 12 entrevistas semi-estruturadas com peritos agrícolas, agentes de marketing financeiro e agricultores considerados bem sucedidos nas suas actividades agrícolas. Os dados recolhidos durante as entrevistas foram analisados através de uma análise de conteúdo temática.

Palavras-chave

Dificuldades financeiras, recuperação, cognição da gestão, agricultura

Capítulo 1 Introdução ao problema de investigação

1.1 Introdução ao contexto do problema de investigação

Em vários sectores, organizações e contextos, tem sido feita referência às constantes mudanças causadas pela volatilidade, incerteza, complexidade e ambiguidade (VUCA) e à importância do tema neste ambiente (Bennett & Lemoine, 2014). O termo VUCA, introduzido pelo War College dos Estados Unidos para descrever a paisagem em constante mudança em que a guerra era travada durante a Guerra Fria, destaca a agitação, o stress e a mudança constante que causam traumas organizacionais que levam a um declínio no desempenho (Tran, 2017).

Os destaques de um ambiente VUCA na última década incluem a crise financeira global em 2008 (Crotty, 2009), a queda do preço do petróleo no final de 2014 (Kilian, 2014), o declínio constante da procura na China (Eichengreen, Park, & Shin, 2012) e, mais recentemente, o referendo em que o Reino Unido decidiu sair da União Europeia são apenas alguns dos principais eventos que podem enfatizar o impacto de um único país ou evento e fazer com que os preços das mercadorias caiam para um mínimo de uma década (Inglehart & Norris, 2016).

A paisagem agrícola sul-africana não permaneceu incólume e é dificilmente reconhecível quando se recua apenas algumas décadas (Louw et al., 2017). Para além dos desafios colocados por estas instabilidades ambientais, do ponto de vista agrícola, os principais países exportadores que produzem excedentes foram atingidos por secas graves (Kingwell & Xayavong, 2017), surtos de doenças animais como a gripe aviária (Lakoff, 2017), a doença das vacas loucas (S. Lim, Berry, & Lee, 2016) e a febre aftosa (Delgado et al, 2016), mas as plantas também foram afectadas por pragas como a lagarta do cartucho (Louw et al., 2017) e a mancha negra dos citrinos (Grower, 2013), resultando no encerramento dos mercados para o comércio de produtos agrícolas. Esta situação tem deixado as explorações agrícolas e agro-industriais em dificuldades devido a estas ameaças constantes.

Embora o agronegócio tenha uma contribuição modesta de apenas 2,5% para o produto interno bruto (PIB) da África do Sul, é importante ver a contribuição no contexto da indústria como um todo, e uma distinção definitiva deve ser feita entre fazendas e agronegócios (Louw et al., 2017).

Estas empresas não são necessariamente permutáveis, mesmo que estejam relacionadas e façam parte de um sector global. A seguinte definição de agroindústria constitui um valioso ponto de partida para distinguir as duas actividades (Davis & Goldberg, 1957). Davis e Goldberg (1957) definem o agronegócio da seguinte forma:

"...o conjunto de todos os processos associados ao fabrico e à distribuição de produtos agrícolas, à produção na exploração agrícola, à armazenagem, à transformação e à distribuição dos produtos agrícolas e dos produtos fabricados a partir deles."

Esta definição confirma que, embora estas duas actividades sejam diferentes, não são mutuamente exclusivas devido à interdependência entre as empresas agro-industriais e as explorações agrícolas. Ambas estão expostas ao mesmo ambiente externo e dependem do desempenho uma da outra (Ng & Siebert, 2009). As agro-indústrias estão envolvidas em todas as actividades da cadeia de abastecimento agrícola que precedem o nível retalhista, enquanto as explorações agrícolas estão apenas envolvidas ao nível da produção primária.

Para ilustrar a importância desta dependência, as explorações agrícolas não contribuem apenas com os modestos 2,5% para o PIB, conforme relatado, mas a contribuição de toda a cadeia de abastecimento do agronegócio, incluindo as explorações agrícolas, ascende na verdade a 15-18% do PIB total, dando ao agronegócio uma parcela significativa de contribuição para a economia sul-africana (Louw et al., 2017) e um papel central na criação de emprego, desenvolvimento económico e sustentabilidade alimentar no país (Stulpiniene & Mazure, 2013).

Velez-Castrillion e Angert (2015) argumentam que a maioria das empresas é afetada pelo declínio organizacional pelo menos uma vez no seu ciclo de vida. Continuar a operar numa economia global fraca aumenta a probabilidade desse declínio, pelo que é extremamente importante que os gestores sejam capazes de implementar e gerir um processo de recuperação (Trahms, Ndofor, & Sirmon, 2013). A gestão da recuperação é um conceito muito semelhante ao da gestão estratégica (Velez-Castrillon & Angert, 2015), no entanto as preocupações e os desafios são únicos e diferentes da melhoria do desempenho de uma organização que não está em declínio (Trahms et al., 2013).

O declínio de uma organização é influenciado por dois factores, nomeadamente mudanças internas e externas (Trahms et al., 2013). Os factores externos incluem choques ambientais e mudanças súbitas no panorama competitivo (Short, Ketchen, Palmer, & Hult, 2007) e os factores internos, como a gestão ineficaz dos recursos e as ineficiências operacionais (Morrow, Sirmon, Hitt, & Holcomb, 2007), foram identificados como algumas das variáveis que causam o declínio organizacional.

As medidas de recuperação são necessárias quando as organizações sofrem de um declínio do desempenho durante um longo período de tempo e os níveis de desempenho caíram a tal ponto que a sobrevivência da organização está em risco, a menos que sejam tomadas medidas sérias para melhorar o desempenho (Panicker, 2011). Panicker (2011) também argumenta que diferentes organizações utilizam estratégias diferentes para conseguir uma reviravolta bem sucedida e que é necessário um conjunto de competências específicas para transformar a organização numa nova fase de crescimento.

1.2 Panorama do problema de investigação

A agricultura é um sector de alto risco, especialmente nos países em desenvolvimento (Ullah, Shivakoti, Zulfiqar, & Kamran, 2016). As actividades agrícolas estão expostas a uma vasta gama de riscos devido ao ambiente biofísico e económico variável em que operam. Os impactos são amplificados no tempo devido ao longo atraso no processo biológico que rege o processo de produção de todos os produtos agrícolas, incluindo as culturas e o gado (Vercammen et al., 2012).

Dada a importância do agronegócio e a sua contribuição para o desenvolvimento económico, bem como a sua função como principal fonte de subsistência para muitas pessoas nas zonas rurais, é importante compreender os riscos e as incertezas que afectam o sector como um todo, mas também o impacto desses riscos nas explorações agrícolas individuais e a forma como os agricultores atenuam o impacto desses riscos nas suas respectivas explorações. (Ullah et al., 2016). Ullah et al. (2016) explicam ainda que a incerteza é definida como um conhecimento imperfeito e o risco é o risco de resultados económicos desfavoráveis. A incerteza tem mais a ver com a probabilidade de uma situação negativa e o risco tem mais a ver com o potencial impacto negativo que esses riscos terão no bem-estar de uma exploração agrícola.

A indústria agrícola sul-africana está atualmente a enfrentar sentimentos contraditórios: Embora estejam a ser alcançadas colheitas recorde para culturas como o milho e a soja, estima-se que o processo de recuperação total da seca da época de 2015/2016 demore três anos (BFAP, 2017). Isto aplica-se em particular à pecuária, em que a reconstrução de pastagens e rebanhos de alta

qualidade levará tempo (Ullah et al., 2016).
A África do Sul também está sob pressão dos números da produção mundial, uma vez que os EUA e a América do Sul inundaram o mercado com cereais e oleaginosas devido a rendimentos mais elevados e ao aumento da área cultivada. Esta situação conduziu a um excesso de oferta e fez com que os preços dos produtos de base caíssem para um mínimo de dez anos. Juntamente com os subsídios que os agricultores de fora da África do Sul recebem e um rand mais fraco, os agricultores sul-africanos estão a ter mais dificuldade em competir a nível mundial (BFAP, 2017; Louw et al., 2017).

1.3 Importância do estudo

As secções anteriores sublinham a importância do sector agrícola sul-africano e os riscos que enfrenta, que podem, em última análise, conduzir a dificuldades financeiras. Tal como nos estudos anteriores, foram feitos progressos significativos na análise das causas do declínio agrícola, da falência e da reestruturação organizacional (Vercammen et al., 2012) no sector agrícola, mas a investigação sobre um modelo precursor que os agricultores possam utilizar para medir os sinais de alerta precoce de declínio e de dificuldades financeiras ainda está pouco desenvolvida (Stulpiniene & Mazure, 2013).

Embora a literatura e os dados actuais sobre a existência de um modelo deste tipo e sobre a gestão financeira no contexto das actividades agrícolas sejam bastante limitados, existe um interesse crescente por este tema, uma vez que a agricultura é agora uma empresa como qualquer outra.
Desde a introdução da recuperação de empresas na África do Sul, em maio de 2011, foram iniciados 2 422 processos, 1 103 processos estão ainda pendentes e 296 novos processos foram apresentados entre 2016 e 2017 ("Status of Business Rescue Proceedings in South Africa", 2016).
O gráfico seguinte apresenta uma panorâmica do número total de processos de recuperação abertos por sector económico:

Figura 1: Processos empresariais iniciados por sector

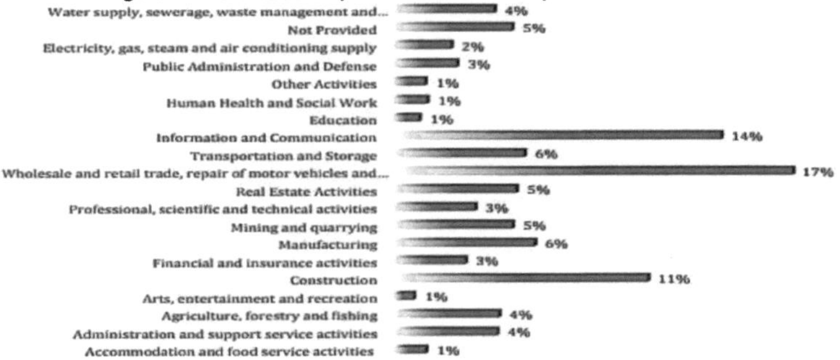

Source: (CIPC, 2016)

De acordo com a Comissão de Empresas e Propriedade Intelectual (CIPC) (2016), entre 2015 e 2016 registou-se um aumento de 400% no número de empresas dos sectores da agricultura, silvicultura e pescas que solicitaram a recuperação de empresas ("Status of Business Rescue Proceedings in South Africa", 2016). Estas estatísticas mostram que o sector agrícola está a sentir os efeitos dos actuais desafios económicos, bem como a pressão de factores externos como a incerteza económica, as alterações climáticas e a instabilidade política.

A dívida total dos agricultores sul-africanos está estimada em cerca de 125 mil milhões de rupias. O envolvimento dos actores financeiros na agricultura sul-africana é o seguinte:

Quadro 1: Envolvimento na agricultura com credores sul-africanos:

Institution	Percentage	Amount (Rand-)
Commercial Banks	56%	R70 billion
Land and Agricultural Bank of South Africa (Land bank)	30%	R37,5 billion
Agricultural Cooperatives and Agribusinesses	9%	R11,25 billion
Private Creditors	3%	R3,75 billion
Other	2%	R2,5 billion
TOTAL:	**100%**	**R125 billion**

***Fonte:* (Relatório anual do DAFF, 2016)**

O objetivo deste estudo é determinar se os agricultores reconhecem quando estão em dificuldades financeiras e se têm as competências cognitivas necessárias para compreender como dar a volta às suas explorações agrícolas quando se deparam com dificuldades financeiras. Este estudo de investigação também fornecerá aos agricultores um modelo precursor para comparar as suas explorações com a indústria, de modo a sensibilizar os agricultores que enfrentam os efeitos devastadores da incerteza económica, das alterações climáticas e da instabilidade política.

1.4 Motivação para a investigação

Uma vez na vida é preciso um médico, um advogado, um polícia e um pregador, mas todos os dias, três vezes por dia, é preciso um agricultor - Brenda Schoepp

Tem havido desenvolvimentos significativos na área de investigação do declínio organizacional, da recuperação, da cognição de gestão e das dificuldades financeiras. No entanto, a investigação sobre a forma como os gestores e os académicos se relacionam efetivamente com estes conceitos constitui um enorme desafio, uma vez que a maior parte da investigação sobre este tema está subdesenvolvida (Pretorius, 2009; Trahms, Ndofor, & Sirmon, 2013; Velez-Castrillon & Angert, 2015).

Apesar do crescente interesse nesta área de investigação, existem poucas evidências na literatura atual sobre a perceção do stress (Heine & Rindfleisch, 2013; Inglehart & Norris, 2016; Lim, Berry, & Lee, 2016; Trahms, Ndofor, & Sirmon, 2013). Pretorius (2009) também aponta para uma lacuna na interpretação das definições destes tópicos e na forma como os gestores realmente percebem estes diferentes fenómenos.

Não é raro que as empresas agrícolas passem por dificuldades financeiras nesta fase do seu ciclo de vida, uma vez que vários factores globais e económicos se fazem sentir fortemente na economia sul-africana (Botha, 2016). Botha (2016) também argumenta que o número de insolvências entre as empresas aumentará 53% no segundo trimestre deste ano, sendo a maioria destas de natureza agrícola.

Este estudo responde ao apelo para investigação futura no domínio da cognição do stress (Pretorius, 2014; Trahms et al., 2013) e explora-o através da indústria agrícola, que é altamente especializada e complexa, e para a qual existe muito pouca literatura que descreva o atual contexto agrícola sul-africano.

Depois de considerar os desafios actuais no sector agrícola, o estudo seguiu uma abordagem qualitativa exploratória na qual são feitas proposições. Os objectivos da investigação devem permitir aos agricultores compreender, reconhecer e agir em conformidade para criar uma consciência financeira cognitiva desejada e saber o que considerar quando analisam as suas actividades agrícolas de uma perspetiva financeira. Os resultados esperados serão que os agricultores negligenciam a sua estratégia de gestão do acompanhamento financeiro, apesar de operarem num sector muito arriscado e volátil, e que não compreendem as implicações financeiras das acções tomadas durante o planeamento, as operações e as decisões tomadas. Os resultados esperados também sugerem que os agricultores bem sucedidos nas suas empresas não só compreendem o impacto de certos factores, como também são muito pró-activos e ágeis na resposta a certos factores que podem levar ao declínio ou à crise da organização. Os agricultores bem sucedidos são inovadores, diversificados e proactivos, em vez de se limitarem a seguir as regras transmitidas de geração em geração.

Capítulo 2 Teoria e revisão da literatura

2.1 Introdução

O capítulo anterior apresentou uma visão geral e o contexto da área de estudo e definiu e justificou os antecedentes do problema de investigação. O primeiro capítulo também delineou o objetivo deste estudo e a forma como contribui para o domínio das dificuldades financeiras, das perspectivas de gestão e da reestruturação organizacional no sector agrícola. Este capítulo analisa e revê o contributo científico e a base teórica deste estudo.

Neste capítulo, são apresentadas teorias para compreender como a perceção de dificuldades pode atuar como um precursor do declínio organizacional. A revisão da literatura procura fornecer uma visão concisa dos tópicos e teorias relacionados com o contexto de dificuldades financeiras. Ao incluir a angústia financeira e a cognição de gestão, que podem atuar como precursores na determinação do declínio organizacional. O contexto específico em que este fenómeno existe deve então ser compreendido e as teorias existentes sobre a cognição dos gestores e as acções correspondentes que podem levar ao declínio organizacional serão discutidas e criticadas.

2.2 Declínio e transformação de uma organização

2.2.1 Declínio organizacional

Schendel e Patton (1976) relataram pela primeira vez na década de 1970 que um terço das empresas do SP500 registou um declínio (Schendel, Patton, & Riggs, 1976). Em 2010, quase metade das empresas do SP500 registou um declínio durante três ou mais anos consecutivos (Ndofor, Vanevenhoven, & Barker, 2013).

Vários estudos (ver parágrafo seguinte) produziram resultados contraditórios relativamente à reversão do declínio organizacional através de intervenções de gestão (Ndofor, Vanevenhoven, & Barker, 2013). Pretorius (2009) argumenta que tal se deve ao facto de os investigadores utilizarem definições incorrectas de insucesso e manipularem as definições para se adequarem aos seus dados. Por conseguinte, existe uma variedade de definições de dificuldades financeiras e os investigadores utilizam essas definições para cumprirem o seu próprio objetivo de estudo, em vez de compreenderem a definição subjacente e o contexto em que essa falha ocorre (Pretorius, 2009).

Nos estudos realizados, o declínio organizacional foi definido em diferentes contextos e através de diferentes lentes. Por conseguinte, é importante distinguir as percepções que os investigadores adoptaram ao publicar estes resultados (Ndofor et al., 2013). O fracasso financeiro foi entendido em alguns estudos como a declaração de falência de organizações (Altman, 1968; Lin, Ansel, & Andreeva, 2017; Ohlson, 1980; Zvarikova, Spuchlakova, & Sopkova, 2017), enquanto outros encaram a crise financeira como períodos sucessivos de declínio do desempenho e mesmo de redução de escala ou uma combinação destes factores (Agarwal & Taffler, 2008; Balcaen, Manigart, Buyze, & Ooghe, 2012; Beaver, 1966; Maricica & Georgeta, 2012). Estes diferentes pontos de vista e a falta de consenso sobre este fenómeno limitam significativamente o estudo das dificuldades financeiras e da recuperação.

Esta falta de consenso leva a uma confusão considerável e a diferentes entendimentos do problema financeiro. Para clarificar esta confusão, Pretorius (2009) categorizou o insucesso organizacional em três constructos universais distintos, cada um deles sublinhado por caraterísticas diferentes que determinam o significado de cada constructo, de modo a compreender melhor as perspectivas em que cada constructo deve ser utilizado. Os três constructos foram identificados e definidos a seguir por (Pretorius, 2009):

Declínio - "... *Uma* empresa está em declínio quando o seu desempenho se deteriora ao longo de períodos sucessivos (diminuição da capacidade dos recursos) e tem dificuldade em continuar a funcionar. O declínio é um precursor natural no processo de fracasso.

Insolvência - "Uma empresa entra em situação de insolvência quando é involuntariamente incapaz de obter novas dívidas ou capital próprio para inverter o seu declínio; consequentemente, já não pode continuar a operar sob a sua atual propriedade e gestão. A falência é o ponto final da insolvência e, quando esta é atingida, as operações cessam e é iniciado um processo judicial."

Reviravolta - "Uma empresa atingiu uma reviravolta quando recuperou de um declínio ("declínio ameaçador da existência") para retomar as operações comerciais normais e atingir um desempenho aceitável para as partes interessadas (acionistas), realinhando o seu posicionamento, estratégia, estrutura, sistemas de controlo e distribuição de poder. O regresso a um fluxo de caixa positivo está ligado à realização de "operações comerciais normais".

Pode deduzir-se destas definições que uma empresa que está em declínio pode ser reestruturada, enquanto uma empresa que faliu perdeu a sua capacidade de ser reestruturada. Heine & Rindfleish (2013) refere-se a este fenómeno como a morte da organização e o fim da sua existência. Pretoruis (2009) argumenta que, embora o declínio e o fracasso sejam muitas vezes utilizados indistintamente, é importante fazer a distinção entre eles.
Apesar de todas estas diferenças e ambiguidades, é consensual que o declínio organizacional faz parte do ciclo de vida natural de uma organização (Ndofor et al., 2013; Pretorius, 2009; Rockwell, 2016; Trahms, Ndofor, & Sirmon, 2013) e, por conseguinte, os gestores precisam de aplicar uma estratégia de recuperação a dada altura. Essas medidas de recuperação tendem a ser associadas a empresas em declínio e o objetivo dessas estratégias de recuperação é trazer as empresas doentes de volta à saúde (Panicker, 2011).

2.2.2 Mudança organizacional

No estudo realizado por Trahms et al. (2013), verificou-se que a investigação se expandiu consideravelmente nos últimos dez anos, mas que o fenómeno do declínio organizacional e da recuperação permanece fragmentado, tanto em termos teóricos como empíricos. A recuperação é descrita como uma situação em que o desempenho financeiro de uma organização diminui durante um período de tempo alargado, de tal forma que a sobrevivência da organização está em risco, a menos que sejam feitos esforços sérios para melhorar o desempenho financeiro (Panicker, 2011).

A literatura descreve o objetivo das estratégias de recuperação como sendo o de conduzir as organizações de forma sustentável para o futuro, com a liderança a permitir tanto os esforços de recuperação como a sustentabilidade financeira da organização (Pearce & Robbins, 1993; Pretorius, 2009; Rockwell, 2016; Velez-Castrillon & Angert, 2015). O retraimento e as acções estratégicas são enfatizados e promovidos neste estudo como os principais motores da recuperação (Pearce & Robbins, 1993; Trahms et al., 2013; Velez-Castrillon & Angert, 2015). Embora o modelo de turnaround de dois estágios tenha sido muito criticado, principalmente por suas medidas de turnaround, essas medidas incluem redução de custos e de ativos, e não apenas redução e substituição de gestores (Trahms, Ndofor, & Sirmon, 2013). Panicker (2011) afirma que o turnaround de uma empresa ocorre em dois níveis: primeiro, ao mover uma empresa de uma perspetiva financeira negativa para a rentabilidade, e segundo, ao mover a empresa da rentabilidade para uma perspetiva financeira positiva.

Num estudo que examinou um período de 20 anos de investigação sobre o declínio e a recuperação de empresas, verificou-se que a investigação se expandiu drasticamente desde o desenvolvimento do modelo de duas fases de Pearce e Robbins em 1993. Embora este modelo tenha sido muito influente, o âmbito restrito e os determinantes da implementação do modelo foram criticados e foi necessário desenvolver um novo modelo numa perspetiva de recuperação (Trahms et al., 2013). Como parte deste estudo, foi desenvolvido um modelo alargado do modelo de duas fases.

Figura 2: Modelo alargado de declínio e viragem organizacional

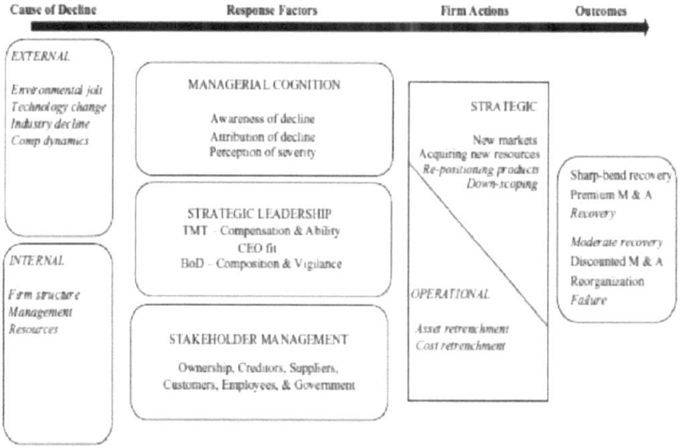

Fonte: (Trahms et al., 2013)

A Figura 2 mostra o modelo alargado proposto por Trahms et al. (2013), que se baseia nos resultados empíricos de mais de 40 artigos ao longo de um período de 20 anos. Trahms et al. (2013) sublinham que, apesar de o modelo fluir da esquerda para a direita, o processo de reviravolta organizacional continua a ser um processo interativo.

Este modelo identifica os vários elementos do processo de recuperação, tais como a causa do declínio, os factores de resposta, as acções tomadas pela empresa e os possíveis resultados durante o processo. É também dada especial atenção às percepções da gestão durante o processo de recuperação e ao impacto significativo que isso tem no resultado final do processo de recuperação (Trahms, Ndofor, & Sirmon, 2013).

Uma análise mais aprofundada do modelo revela que é essencial uma equipa de gestão altamente qualificada, criadora de valor e consciente da importância das suas decisões e acções. Além disso, tanto a gestão de topo como a "adequação" do CEO podem ser um fator inibidor da reviravolta. A remuneração da alta administração e do conselho de administração também se correlaciona positivamente com a liderança estratégica e é fundamental para alinhar a motivação e o comprometimento desses gestores (Burbank, 2017; Trahms et al., 2013). Burbank (2017) corrobora um argumento antigo de Hofer (1980) e defende que a alta administração deve ser substituída para que um turnaround seja bem-sucedido.

Velez-Castrillion & Angert (2015) concordam com Trahms et al. (2013) que existem dois tipos amplos de reviravoltas organizacionais para organizações em declínio, quer sejam causadas por factores internos ou externos. Há também um consenso geral de que as métricas de desempenho devem, pelo menos, exceder a taxa de retorno sem risco para permitir uma recuperação bem-sucedida (Panicker, 2011; Pretorius, 2009; Rockwell, 2016; Velez-Castrillon & Angert, 2015).

Antes de implementar medidas de turnaround, várias análises devem ser realizadas (Velez-Castrillon & Angert, 2015). Hofer (1980) orienta a gestão e enfatiza a importância dos primeiros passos no processo de turnaround. O primeiro passo importante é determinar o valor da empresa como uma empresa em funcionamento e garantir que está acima do seu valor de liquidação. Para o efeito, é necessário avaliar a saúde operacional e estratégica da empresa (Hofer, 1980). A saúde operacional da empresa baseia-se nos seus rácios financeiros, na sua posição no mercado e na tecnologia e nas suas capacidades de produção. (Hofer, 1980; Trahms, Ndofor, & Sirmon, 2013; Velez-Castrillon & Angert, 2015). A saúde estratégica da organização baseia-se na sua posição na matriz produto/mercado, nas suas competências tecnológicas e de produção e nas suas capacidades financeiras (Hofer, 1980; Panicker, 2011; Velez-Castrillon & Angert, 2015).

Para pôr fim a este declínio, o segundo passo é identificar e abordar a causa do declínio (Hofer, 1980; Pretorius, 2008). A correção da atual trajetória problemática da empresa requer o apoio de todas as partes interessadas, incluindo trabalhadores, fornecedores e credores, a estabilização do ambiente interno e a reavaliação do processo de tomada de decisões para as acções a empreender. Estas acções podem exigir uma mudança na gestão de topo para obter a adesão das partes interessadas às novas estratégias ou para alterar a cultura e os processos disfuncionais que conduziram ao declínio em primeiro lugar (Burbank, 2017; Hofer, 1980; Trahms et al, 2013; Velez-Castrillon & Angert, 2015).

Velez-Castrillion e Angert (2015) também apoiam o argumento das medidas estratégicas e operacionais de recuperação necessárias nos esforços de recuperação da gestão para revitalizar uma empresa e desenvolveram o seguinte resumo com exemplos práticos do que pode ser feito em caso de recuperação. .

Figura 3: Tipos de reviravolta

TYPE	SUBTYPE	EXAMPLE OF TACTIC
STRATEGIC or ENTREPRENEURIAL Relevant when the firm's operations are not in crisis, but it has lost its strategic position.	Concentration	• Increase investment in one or more core SBUs to dominate or improve market share. • Invest in product diversification. • Sell or spin-off non-core SBUs. • Horizontal integration.
	Diversification	• Vertical integration. • Acquire unrelated business.
OPERATIONAL Used when a firm has a moderate or strong strategic position but weak operations.	Cost-Cutting	• Collect receivables and stretch payables. • Cut inventories. • Decrease waste.
	Revenue-Generating	• Focus on the current line of products and/or reintroduce past products through reductions in prices and increases in advertising or direct sales. • Try a variety of revenue-generating actions, including selling products that the firm may not plan to sell again in the future. • Keep R&D expenditures and staffing at moderate to low levels.
	Asset-Reducing	• Sell assets that will not be used within the next 1 or 2 years. • Divest assets according to the firm's long-term potential.
	Combination	• Pursue a mix of cost-reducing, revenue-generating, and assetreducing strategies.

Fonte: (Velez-Castrillon & Angert, 2015)

Em 2008, a África do Sul não foi poupada aos efeitos devastadores da crise financeira mundial. Os desafios que enfrentou incluíam pressões cambiais, preços mais baixos dos produtos de base e fornecimentos inconsistentes de eletricidade e água, bem como restrições da procura no mercado, tendo sido necessária a ideia de uma nova arquitetura financeira (Crotty, 2009). Todos estes factores tiveram um impacto direto na indústria em toda a África do Sul, incluindo a agricultura.

Em todo o mundo, grandes empresas que dominaram os mercados durante séculos faliram, incluindo o Lehman Brothers, o Washington Mutual, a General Motors e a Chrysler (Scheafer, 2011). A agricultura foi um dos sectores da economia que também foi afetado pela crise financeira global, levando a um declínio da forte procura de alimentos e biocombustíveis, e a procura de gado e de alimentos para animais enfraqueceu ainda mais a indústria. Mais recentemente, na África do Sul, um rand globalmente mais fraco, a seca de 2016 e os roedores estrangeiros, como a recente infestação de lagarta-do-cartucho, tiveram um impacto devastador nos agricultores e na sua capacidade de produção, conduzindo a uma quebra global no sector (Botha, 2016).

2.2.2.1 Recuperação de empresas

A recuperação de empresas foi introduzida pela primeira vez na África do Sul em maio de 2011 com a Lei das Empresas de 2008. Embora o número de empresas declaradas insolventes e subsequentemente liquidadas tenha diminuído, o número de organizações que solicitam a recuperação de empresas aumentou. (Bowman Gilfillan, 2012). Desde 2014, foram registados e abertos 46 processos nos sectores da agricultura, silvicultura e pescas, representando 5% de todos os processos abertos até ao final de dezembro de 2016. O maior aumento de registos entre 2015 e 2016 foi registado apenas neste sector, com um aumento de 400% ("Status of Business Rescue Proceedings in South Africa", 2016).

A reorganização empresarial é um processo formal e legal (República da África do Sul, 2008), enquanto uma estratégia de recuperação é apenas um esforço informal para reestruturar a empresa.

A reorganização empresarial implica a nomeação de um perito em recuperação para facilitar o processo de recuperação de empresas em dificuldades financeiras, colocando-as sob gestão e supervisão empresarial e patrimonial. Durante este período, a empresa está protegida dos credores que pretendem intentar uma ação contra ela até que as estratégias de reestruturação e de recuperação da empresa sejam aprovadas, aplicadas e finalizadas (República da África do Sul, 2008).

Um total de 2 422 empresas privadas e empresas fechadas solicitaram a recuperação de empresas nos últimos cinco anos (CIPC, 2017). As estatísticas da CIPC também mostram que 1 103 processos de recuperação de empresas ainda estavam activos na África do Sul no final de dezembro de 2016. Ao nomear um perito, este deve determinar se existe uma perspetiva razoável de reorganização da empresa. A perspetiva razoável refere-se à possibilidade de uma empresa ser salva da sua situação financeira difícil (República da África do Sul, 2008).

2.3 Medidas organizacionais

Um estudo de Pearce e Robbins (1993) analisou nove artigos para desenvolver um modelo de resposta em duas fases para as empresas que implementam uma estratégia de recuperação durante um declínio. Este modelo sublinhava a importância de fazer poupanças (incluindo custos e activos) na primeira fase e de implementar acções estratégicas para melhorar a recuperação, incluindo a melhoria da eficiência operacional e o investimento em novos produtos, serviços e mercados. Todas estas acções são referidas como acções no processo de recuperação (Pearce & Robbins, 1993; Trahms et al., 2013).

Este estudo sugere que se houver uma causa operacional de declínio, o ajustamento deve ser operacional e vice-versa para as causas estratégicas de declínio (Pearce & Robbins, 1993). Robbins, 1993), o estudo também defende que as acções de remediação são essenciais para a recuperação, se as poupanças da redução de custos não satisfizerem os compromissos de curto prazo da organização, a organização terá de começar a reduzir os activos para alcançar a recuperação, mas a combinação de ambas as acções resultará no melhor desempenho da recuperação (Pearce & Robbins, 1993).

Apesar da influência significativa do modelo de duas fases, as medidas de turnaround, que têm sido utilizadas como sinónimo de medidas operacionais, têm sido amplamente criticadas pelo seu âmbito restrito e determinista (D'aveni, 1989; S. Lim, Berry, & Lee, 2016). Ambas as críticas apontaram para a complexidade e os desafios da sincronização das medidas baseadas em recursos durante o turnaround. Devido a estas críticas, o papel da governação das estruturas de gestão de topo, bem como as contingências de ambas as acções devem ser incluídas (D'aveni, 1989; Trahms, Ndofor, & Sirmon, 2013).

Trahms et al (2013) formularam um modelo alargado do modelo de duas fases, tal como descrito na Figura 1. Este modelo alargado também afirma que, antes de uma organização ser transformada, devem ser implementadas medidas estratégicas e operacionais para inverter o declínio organizacional. Velez-Castrillion e Angert (2015) também apoiam o argumento das acções estratégicas e operacionais que podem ser implementadas num estudo posterior em que analisaram o declínio da Sony Corporation e o seu subsequente renascimento num estudo post-mortem que avaliou os principais pressupostos e lições aprendidas durante os esforços de recuperação da empresa.

2.3.1 Medidas estratégicas

Argumenta-se que a ação estratégica "*é o verdadeiro motor da melhoria do desempenho a longo prazo após uma recessão*" (Trahms et al., 2013), embora o fator limitativo da ação estratégica seja referido como âmbito organizacional (Balcaen, Manigart, Buyze, & Ooghe, 2012; Schmitt & Raisch, 2013; Trahms, Ndofor, & Sirmon, 2013). O âmbito organizacional é definido como "*a almofada de recursos reais ou potenciais que permite a uma organização adaptar-se com sucesso às pressões internas para se adaptar ou às pressões externas para mudar a política e iniciar mudanças na estratégia em relação ao ambiente externo*" (Bourgeois, 1981; Marlin & Geiger, 2015).

As empresas em declínio que acabam por declarar falência devido ao seu desempenho financeiro são susceptíveis de se comportar de forma diferente das empresas bem sucedidas do mesmo sector (Guha, 2016). É também bem conhecido que uma empresa que declara falência durante uma recessão se comporta de forma diferente das empresas bem sucedidas e que reage de forma diferente ou inadequada (Bourgeois, 1981; Guha, 2016; Marlin & Geiger, 2015; Trahms et al, 2013; Velez-Castrillon & Angert, 2015).

A análise da literatura identifica três tipos diferentes de "sags" que ilustram as possíveis razões pelas quais as empresas vão à falência, apesar de os seus concorrentes sobreviverem.

- **Margem disponível -** A margem disponível indica o montante de recursos que não são utilizados e que estão imediatamente disponíveis para a empresa. É geralmente medida como liquidez e sob a forma de rácios como o rácio corrente e o rácio rápido. Marlin & Geiger (2015) argumentam que a folga disponível é de natureza interna e dá aos gestores a capacidade de tomar muitas acções e experimentar iniciativas enquanto existe uma rede de segurança (Bourgeois, 1981; Francis & Desai, 2005; Marlin & Geiger, 2015; Smith & Graves, 2005). O âmbito disponível deve ter um impacto positivo nas organizações e proporcionar aos gestores diferentes opções quando é necessário agir.

- **Folga recuperável -** é geralmente utilizada dividindo as despesas de vendas, gerais e administrativas pelas receitas. Esta métrica indica a quantidade de custos excessivos incorporados numa organização que podem ser reduzidos e recuperados durante períodos financeiramente difíceis (Marlin & Geiger, 2015). Embora a folga recuperável seja diferente da folga disponível, é também uma forma de folga interna e aplica-se a mesma lógica, por exemplo, quando são empregues mais trabalhadores do que os efetivamente necessários.

- **Folga** potencial **-** A folga potencial foi recentemente operacionalizada através de variáveis de alavancagem, como o rácio da dívida de uma empresa em relação ao capital próprio. Esta folga é de natureza externa e representa a capacidade de obter capital de fora da empresa, por exemplo, através do financiamento da dívida. Marlin & Geiger (2015) e Bourgeois (1981) argumentam que este facto promove a inovação, uma vez que os riscos de experimentação são mitigados quando se acede a recursos externos e existem relações positivas entre a folga potencial e a inovação (Bourgeois, 1981; Francis & Desai, 2005; Marlin & Geiger, 2015; Smith & Graves, 2005). No entanto, em contraste com a natureza do amortecedor interno, esta componente pode ser abusada e utilizada para adquirir recursos que não são utilizados pela organização.

Guha (2016) utiliza provas empíricas para argumentar que o nível de reserva disponível nas organizações em declínio é inferior ao das organizações bem sucedidas; além disso, Guha conclui que a reserva recuperável não difere entre as organizações em declínio e as organizações bem sucedidas. As conclusões sobre a margem de manobra potencial são particularmente relevantes no contexto do processo agrícola, uma vez que a capacidade de angariar fundos após o declínio é considerada fundamental para o sucesso da recuperação.

2.3.2 Medidas operacionais

As reestruturações empresariais são processos dinâmicos que consistem numa sequência de acções que conduzem as organizações do declínio para uma fase de sucesso sustentável e para longe do fracasso (Pretorius, 2009; Schmitt & Raisch, 2013; Trahms et al., 2013). Embora Pretorius (2009) especifique o conceito de turnarounds, é partilhada a ideia comum de que as organizações tomam medidas de remediação e recuperação durante o processo de turnaround (Pearce & Robbins, 1993; Pretorius, 2009; Schmitt & Raisch, 2013; Trahms et al, 2013; Velez-Castrillon & Angert, 2015).

O retrenchment foi definido como a eliminação deliberada de activos ou custos como forma de aumentar a eficiência e o bem-estar financeiro de uma organização (Lim, Nikhil, Morse, & Rowe, 2013). É feita uma distinção entre reduções de activos (Morrow, Sirmon, Hitt, & Holcomb, 2007; Trahms et al., 2013), incluindo o encerramento de fábricas, a alienação de participações, tais como vendas, spin-offs e carve-outs, e a redução de activos fixos tangíveis e inventários. As reduções de custos, por outro lado, incluem o down-scoping, em que os custos operacionais são reduzidos através de redundâncias e melhorias de processos, como os custos gerais e administrativos (Schmitt & Raisch, 2013). Estes custos incluem custos de I&D, ajustamentos cambiais, comissões, salários, seguros, arrendamentos e todos os outros custos indirectos. No passado, as medidas de redução de custos e as medidas de turnaround eram descritas como contraditórias, e a implementação simultânea dessas medidas era fortemente desencorajada (Hofer, 1980; Pearce & Robbins, 1993; Schendel, Patton, & Riggs, 1976). Modelos de turnaround mais recentes indicam que a busca simultânea dessas medidas sempre inclui ambas as medidas, dependendo da causa do declínio (Schmitt & Raisch, 2013).

A perspetiva sequencial originalmente descrita por Robbins e Pearce (1992) tem duas fases claras: "A fase de contenção foi considerada desde o início da fase de recuperação até à conclusão das reduções de activos e custos", enquanto a fase de recuperação foi considerada a partir da redução de activos e custos". Estas medidas de contenção podem conduzir apenas a resultados de desempenho a curto prazo, embora possam criar o ímpeto e a confiança necessários para uma recuperação bem sucedida (Schmitt & Raisch, 2013).
As partes interessadas da organização em declínio precisam de ver um desempenho superior e mais ganhos para continuarem a apoiar as medidas de recuperação e as estratégias de recuperação utilizadas pela gestão (Lim, Nikhil, Morse, & Rowe, 2013; Morrow, Sirmon, Hitt, & Holcomb, 2007). As tensões organizacionais surgem de estruturas e processos concorrentes em que as medidas de redução de custos e as medidas de recuperação competem entre si para alcançar diferentes resultados para diferentes partes interessadas durante o processo de recuperação (Lim, Nikhil, Morse, & Rowe, 2013; Schmitt & Raisch, 2013).

2.4 Cognição da angústia

2.4.1 Emergência financeira

O stresse financeiro tem sido amplamente investigado nas últimas décadas (Altman, 1968; Beaver, 1966; Ohlson, 1980) e mais recentemente (Balcaen & Ooghe, 2006; Grice & Ingram, 2001; Hotchkiss, Carroll, College, & Smith, 2014; Stulpiniene & Mazure, 2013).

Beaver (1966) e Altman (1968) são dois dos académicos mais citados e os primeiros a desenvolver estudos sobre dificuldades financeiras, falência, liquidação e insolvência. Segundo estes autores, dificuldades financeiras significam que a empresa se encontra em situação de falência, sendo a incapacidade de efetuar os pagamentos programados da dívida e a incapacidade de pagar dividendos preferenciais aos acionistas os primeiros sinais importantes de que uma empresa se encontra em dificuldades financeiras. Estes pioneiros tentaram prever a falência através de conceitos de reorganização contabilística que incorporam o fluxo de caixa e a liquidez dos activos, utilizando rácios financeiros como base do seu estudo. Beaver (1966) concluiu que o preditor mais preciso era o rácio fluxo de caixa/dívida, que tinha uma precisão de 78% cinco anos antes da falência. Sun et al (2014) concordam que o distress financeiro não significa necessariamente que uma empresa está a enfrentar a falência, mas sim que é incapaz de pagar as dívidas e os credores correspondentes, bem como os dividendos preferenciais.

As dificuldades financeiras são claramente definidas no capítulo 6 do Enterprise Act e são especificados dois critérios para as dificuldades financeiras. As empresas que não conseguem pagar as suas dívidas e as que estão a caminho da insolvência são classificadas como empresas em dificuldades financeiras. A lei também acrescenta um prazo importante de seis meses à definição (República da África do Sul, 2008). A Secção 128 (f) do Capítulo 6 da Lei das Sociedades define dificuldades financeiras da seguinte forma:

(I) "Parece suficientemente improvável que a empresa consiga liquidar todas as dívidas vencidas e exigíveis nos próximos seis meses; ou
(II) É suficientemente provável que a empresa se torne insolvente nos próximos seis meses".

Uma organização que se encontre em dificuldades financeiras, tal como acima definido, pode solicitar a recuperação da empresa nos termos do Capítulo 6, ao abrigo da secção 129 (7) (República da África do Sul, 2008). Se a organização não tiver perspectivas razoáveis de recuperação, a organização é declarada insolvente.

Tal como mencionado na secção 2.2.1, a maioria dos estudos utiliza diferentes métricas para medir o sofrimento financeiro. As mais utilizadas são as empresas que entram em processo de falência ou liquidação, sendo que o pedido de tal enquadramento envolve a reorganização da empresa e é classificado como um processo legal que envolve financiadores e credores que tentam recuperar dívidas pendentes (Muller, Steyn-Bruwer, & Hamman, 2009). Esta legislação tem como objetivo preservar as empresas como empresas em atividade, o que também é praticado internacionalmente nos Estados Unidos (Muller et al., 2009).

Isto dá às empresas uma tábua de salvação quando a posição financeira historicamente saudável de uma organização é aniquilada por factores externos como a "força maior" (Balcaen, Manigart, Buyze, & Ooghe, 2012). Estes fenómenos são bastante comuns no sector agrícola. A situação financeira e a saúde podem ser vistas num continuum e não como um conjunto dicotómico de dados, que muitos estudos não reconhecem e não incorporam as muitas dimensões da realidade do sofrimento financeiro (Balcaen et al., 2012; Cybinski, 2001).

O modelo de duas fases de Pearce e Robbins (1993) afirma que o declínio financeiro das empresas se deve a factores internos ou externos. Influências ambientais gerais, mudanças tecnológicas, declínio da indústria e dinâmica competitiva (factores externos) ou como resultado de estruturas corporativas, gestão e alocação de recursos (factores internos) (Trahms et al., 2013).

As percepções dos gestores referem-se à forma como estes percepcionam os factores de declínio e a sua tendência para os indicadores que conduzem ao declínio organizacional (Trahms et al., 2013). Trahms et al. (2013) também apontam os três elementos das percepções dos gestores que influenciam as acções de recuperação: a consciência do declínio, a atribuição do declínio e, por último, a gravidade do declínio.

2.4.2 Cognição dos gestores

O panorama organizacional em rápida mudança, caracterizado pela certeza e pela incerteza, levou a um maior enfoque nos estilos cognitivos e nas acções intuitivas (Rockwell, 2016). Trahms et al. (2013) apresentam estes estilos como cognição de gestão e descrevem as percepções e interpretações dos gestores sobre o declínio organizacional. Trahms et al. (2013) argumentam que a cognição gerencial, juntamente com a liderança estratégica e a gestão das partes interessadas, faz parte dos factores de resposta ao declínio organizacional (Panicker, Sunitha; Manimala, 2015; Trahms, Ndofor, & Sirmon, 2013). O sucesso da recuperação é melhorado quando a gestão reconhece os problemas precocemente e toma medidas imediatas (Panicker, Sunitha; Manimala, 2015).

A incerteza nas organizações é vista como o resultado de factores que desencadeiam mudanças constantes e que incluem vários factores, como os mercados, a tecnologia, as pessoas, os custos, os calendários e a informação (Rockwell, 2016). Muitos gestores encontram-se num ambiente em que são necessárias decisões e acções. Estas decisões requerem a atitude da direção em relação ao declínio e podem incluir certos preconceitos em relação ao declínio (Vercammen et al., 2012).

Trahms et al (2013) defendem que as competências cognitivas dos gestores constituem a primeira etapa do processo de reviravolta e têm um impacto significativo na reviravolta subsequente. Com base no modelo de duas fases de Pearce e Robbins (1992), existem três factores cognitivos que têm um impacto na reviravolta organizacional. Os três factores das capacidades cognitivas dos gestores foram identificados por Trahms et al. (2013):

- **Consciência do declínio** - Refere-se ao reconhecimento formal pelo líder de que a organização está em declínio. O momento da tomada de consciência do declínio é fundamental para desencadear a ação e, por conseguinte, iniciar o declínio (Pretorius, 2014; Trahms, Ndofor, & Sirmon, 2013). No entanto, esta tomada de consciência nem sempre acontece rapidamente e reduz as hipóteses de uma reviravolta bem sucedida (Balcaen, Manigart, Buyze, & Ooghe, 2012; Guha, 2016).

- **Atribuição do declínio** - A atribuição refere-se aos factores coincidentes que a gestão identifica como responsáveis pelo declínio. Os gestores das organizações em declínio são frequentemente considerados bodes expiatórios do declínio (Trahms et al., 2013), mas também culpam novamente os outros. Lim et al. (2015) argumentam que os gestores com menos experiência são mais susceptíveis de contribuir para o declínio.
- **Gravidade do declínio** - Uma perceção exacta da gravidade do declínio é essencial para avaliar as medidas de restrição e redireccionamento do desempenho (Barker, 2016). Barker (2016) argumenta ainda que as caraterísticas do líder influenciam esta perceção, afirmando que a idade, a experiência, o controlo e os antecedentes do líder aumentam a perceção da gravidade do declínio e aumentam a extensão da contenção (Vercammen et al., 2012).

Embora a literatura destaque a importância das percepções da gestão na recuperação, as teorias ainda estão muito dispersas sobre a medida em que factores como o downsizing e os recursos interagem entre si e o impacto destes factores nas percepções de declínio e no comportamento de recuperação (Barker, 2016; Vercammen et al., 2012).

2.5 Agricultura na África do Sul

Sagar (2012) observa que o agronegócio é a principal fonte de meios de subsistência e um contribuinte significativo para o PIB da maioria dos países em desenvolvimento em todo o mundo, incluindo as muitas áreas rurais do continente africano. Embora a agricultura contribua apenas com 2,5% para o PIB total da África do Sul (Relatório Anual do DAFF, 2016), continua a ser uma indústria crítica para a criação de emprego, o desenvolvimento económico e a segurança alimentar da África do Sul.

Sagar (2012) também argumenta que a agricultura continua a ser vulnerável a vários riscos que proliferam ao longo do tempo e afectam a capacidade de um agricultor produzir de forma sustentável, acabando por o deixar perante um declínio. As alterações climáticas (chuvas intensas, secas, vento e granizo), os riscos biológicos (doenças, roedores), as catástrofes naturais (terramotos, vulcões e ciclones), os riscos baseados no mercado (flutuações de preços, importações, exportações e normas de qualidade) e os riscos de origem humana (mão de obra, crises financeiras e erro humano) são descritos como os principais riscos no sector agrícola (Meena, Gogoi, & Kumar, 2016)

As dificuldades financeiras começam geralmente com um atraso no pagamento das dívidas à medida que estas se vencem e depois com um atraso nos pagamentos a outros credores (Stulpiniene & Mazure, 2013). Esta angústia deve-se geralmente a circunstâncias económicas e/ou a uma má gestão operacional (Sagar, 2012) e pode estar ligada a factores internos e externos que conduzem ao declínio da organização, tal como descrito no estudo de 2013 (Trahms et al., 2013).

As empresas agrícolas são maioritariamente familiares (Lowder, Skoet, & Singh, 2014), o que traz novas dinâmicas, como a incorporação de relações não só no ambiente organizacional, mas também no contexto familiar (Cater & Schwab, 2008). As empresas familiares também têm uma elevada taxa de insucesso e, por conseguinte, é importante uma compreensão mais profunda destas empresas e da reviravolta no âmbito desta dinâmica (Cater & Schwab, 2008).

2.5.1 Dimensões das explorações agrícolas na África do Sul

Louw (2017) defende que existem quatro dimensões diferentes de explorações agrícolas que podem ser identificadas na África do Sul.

- **Culturas arvenses -** As culturas arvenses são consideradas a contribuição mais importante da África do Sul para o sector agrícola, uma vez que representam cerca de 60% do total das terras aráveis do país. As culturas mais importantes incluem o milho, a soja, o girassol, a cevada, o sorgo e o feijão.

- **Horticultura -** A horticultura é uma parte da horticultura que se ocupa de culturas como frutos, nozes, legumes, ervas aromáticas e especiarias, plantas para bebidas, bem como plantas medicinais e ornamentais.

- **Pecuária -** O gado é um animal domesticado que é mantido num ambiente agrícola e produz bens como carne, leite, couro e lã.

- **Criação de animais** selvagens - A criação de animais selvagens cresceu dramaticamente na última década, tendo havido um enorme investimento financeiro no sector nos últimos anos. Embora tenha entrado em colapso até certo ponto, a indústria tem como objetivo privatizar e domesticar a vida selvagem, a fim de a possuir e criar para venda inteira ou para carne.

2.5.2 Importantes factores de perturbação e forças motrizes na gestão agrícola

No primeiro capítulo, salientou-se que o sector agrícola é irreconhecível em relação ao que era há apenas algumas décadas e que os avanços tecnológicos e de comunicação que criaram o ambiente de trabalho na agricultura só podem ser vistos como fantasias de há meio século.

Louw et al (2017) identificaram as tendências e os desenvolvimentos susceptíveis de impulsionar o sector agrícola nos próximos anos, permitindo que as explorações agrícolas e agro-industriais alinhem as suas estratégias para se posicionarem face a estes factores de mudança e de perturbação que poderão ter um impacto profundo no ambiente operacional. Tendo em conta a posição estratégica da África do Sul no contexto mais alargado do abastecimento alimentar africano, estes factores foram desenvolvidos (Louw et al., 2017).

2.5.2.1 Fator 1: Aumento da procura de alimentos e fibras para satisfazer uma população mais rica e em crescimento

A população global está a crescer rapidamente e prevê-se que a população mundial será de cerca de 10 mil milhões em 2050, sendo a maior parte do crescimento proveniente dos países em desenvolvimento, com África a crescer mais rapidamente a 2,55% por ano (Lutz et al., 2015). Lutz et al. (2015) argumentam que o fosso de riqueza entre ricos e pobres continuará a alargar-se. Haverá um aumento da classe média, que não é nem rica nem pobre, mas tem melhor acesso a produtos e alimentos e está mais bem informada.

Em conjunto, estas tendências estão a aumentar a procura de alimentos, exigindo redes de cadeias de abastecimento mais sofisticadas e melhores infra-estruturas, uma vez que os países com recursos limitados de produção alimentar têm de importar mais para alimentar as suas populações (Louw et al., 2017).

2.5.2.2 Fator 2: Sustentabilidade orientada para o consumidor para uma classe média em crescimento

A disponibilidade de informação levou a uma crescente consciencialização dos consumidores em relação aos produtos agrícolas no mercado moderno. Este crescimento da consciência do consumidor e da classe média levou a uma mudança no comportamento do consumidor em direção a produtos mais sustentáveis e métodos de produção éticos (Lakoff, 2017; Stulpiniene & Mazure, 2013).

2.5.2.3 Fator 3: Demografia da população

A população mundial caracteriza-se por duas caraterísticas principais: Em primeiro lugar, a esperança de vida das sociedades aumentou devido aos progressos da medicina e à melhoria da nutrição e, em segundo lugar, as taxas de natalidade diminuíram. Embora se verifique o contrário nos países em desenvolvimento, em particular em África, muitas mulheres entraram na força de trabalho, o que é apenas um dos muitos factores que influenciam este fenómeno (Lutz et al., 2015).

Esta questão é importante, uma vez que a população em idade ativa está a crescer rapidamente e tem o potencial de impulsionar a procura dos consumidores e, consequentemente, o crescimento económico. Países como Taiwan e a Coreia do Sul são exemplos desses países, enquanto a África luta para criar empregos para os seus jovens, uma vez que tem a taxa de desemprego mais elevada do mundo (Louw et al., 2017).

2.5.2.4 Fator 4: A empresarialização e a industrialização do sector agrícola

A estrutura organizativa tradicional das explorações agrícolas mudou e continua a mudar. As explorações agrícolas familiares, que foram a norma nas últimas décadas, são menos comuns e transformaram-se em grandes explorações agrícolas consolidadas. Louw (2017) descreve estas explorações como fábricas, no sentido em que todos os processos na exploração são planeados, monitorizados e geridos em grande escala. Estas organizações conseguem sobreviver com margens de lucro baixas devido à escala da sua produção e à eficiência das suas operações.

2.5.2.5 Força motriz 5: Mudança no sistema agroalimentar e emergência de redes de criação de valor

O crescimento da classe média, caracterizada por um rendimento disponível relativamente mais elevado e pelo acesso à informação, conduziu a um afastamento dos bens tradicionais e a um enfoque em produtos diferenciados. O surgimento de um novo tipo de cliente com novas tendências, como uma alimentação mais saudável, a qualidade dos alimentos e o ambiente natural (Lutz et al., 2015).

As cadeias de valor na agricultura asseguram que os produtos agrícolas são transportados para o destino desejado ao mais baixo custo e no mais curto espaço de tempo. A integração vertical é um dos sistemas desenvolvidos pelas organizações empresariais para coordenar acções e acrescentar valor ao produto. No futuro, estes processos de integração vertical tornar-se-ão cada vez mais comuns devido a fusões e aquisições de participantes nesta cadeia de valor (Louw et al., 2017).

2.5.2.6 Fator 6: Progresso tecnológico e biotecnológico

Os avanços tecnológicos registados nas últimas décadas alteraram significativamente a paisagem agrícola e o seu desenvolvimento. Métodos de cultivo precisos combinados com equipamento mecânico maior e mais eficiente, como tractores, plantadores e ceifeiras, tornaram o cultivo economicamente viável em áreas geográficas maiores, numa fração do tempo e do custo (Louw et al., 2017).

A modificação genética e a biotecnologia estão também a permitir que os agricultores cultivem sementes capazes de resistir a condições climáticas adversas e extremas, como a seca, e de produzir rendimentos mais elevados em zonas onde a precipitação não é fiável e a água é um recurso escasso.

2.5.2.7 Motor 7: Um mundo de extremos climáticos

Apesar dos diferentes pontos de vista sobre as alterações climáticas, o facto de o clima global se ter tornado mais extremo e volátil do que em qualquer outro momento da história registada é plausível, uma vez que a experiência recente mostrou tendências ao longo do tempo que podem ser previstas (Kingwell & Xayavong, 2017). Na última década, registaram-se os dez anos mais quentes desde o início dos registos, há 20 anos, o que conduzirá a extremos climáticos mais frequentes, e as explorações agrícolas terão de planear e inovar as suas abordagens agrícolas face a esta tendência contínua de condições meteorológicas incertas, conduzindo a uma maior segurança alimentar (Sagar, 2012).

2.5.2.8 Fator 8: Desenvolvimento da agricultura africana

O contexto de África é definido por duas caraterísticas: Em primeiro lugar, África tem a maior área de terra arável inexplorada do mundo com elevado potencial e, em segundo lugar, África tem a maior taxa de crescimento populacional projectada, com um crescimento populacional de mais de dois mil milhões de pessoas até 2050 (Lutz et al., 2015). É evidente que o crescimento da população só pode ser acomodado através do aumento da produção alimentar em todo o mundo e não apenas em África. Embora a tecnologia na produção de alimentos tenha aumentado significativamente o potencial, existe um limite máximo para a quantidade que pode ser produzida, tendo em conta vários factores que influenciam o ciclo de produção, e a agricultura africana deve entrar numa nova fase de desenvolvimento para alcançar os aumentos de produção necessários para alimentar a população em crescimento. Isto não acontecerá de um dia para o outro e exigirá o investimento de várias partes interessadas, como o sector privado, o governo, o agronegócio e os decisores políticos (Louw et al., 2017).

2.5.2.9 Fator 9: O crescimento do sector da bioenergia

Os combustíveis fósseis são um produto da tendência global para a energia verde, em que produtos agrícolas como os cereais e a cana-de-açúcar são convertidos em etanol e outros líquidos inflamáveis (Kilian, 2014). Embora tenha sido criticado o facto de o desenvolvimento de recursos energéticos ter um prazo limitado e de estes biocombustíveis não terem sido introduzidos com sucesso, tal é o resultado da crise financeira global e do entrave que esta colocou à já ameaçada segurança alimentar e aos preços desestabilizados dos alimentos (Louw et al., 2017; Lutz et al., 2015).

Capítulo 3 Questões e hipóteses de investigação

3.1 Introdução

A revisão da literatura confirmou que a perceção da gestão é o primeiro passo no processo de recuperação e ilustra a forma como os gestores percepcionam e interpretam o declínio financeiro e a sua causa (Panicker, Sunitha; Manimala, 2015). A perceção da gestão é, por conseguinte, uma variável útil para medir o sofrimento financeiro. A literatura também ilustra as relações entre a medição financeira e o desempenho financeiro, em que as principais ferramentas de análise financeira, como os rácios, também podem servir como antecedentes para identificar o distress e a saúde financeira geral (Altman, 1968; Beaver, 1966; Maricica & Georgeta, 2012; Ohlson, 1980).
A literatura também apela ao desenvolvimento de novas teorias e modelos, e a falta de literatura sobre o agronegócio e a África do Sul indica que é necessário fazer mais investigação. Os quadros de recuperação, como a reorganização empresarial, que ainda é um conceito relativamente novo na África do Sul, e a falta de outros modelos de recuperação são também um indicador de que ainda há muito trabalho a fazer nesta dimensão do negócio.

3.2 Sugestões para a investigação

O processo de recolha de dados seguiu um modelo qualitativo. Devido à natureza investigativa desta conceção e à utilização de métodos indutivos para desenvolver uma teoria que permita chegar a uma conclusão final, responder às questões de investigação e identificar os construtos-chave deste estudo. Para chegar a conclusões finais, foram estabelecidas as seguintes proposições de investigação.

3.2.1 Tese 1: Os agricultores controlam igualmente bem os factores internos e externos que conduzem ao declínio da organização.

O objetivo deste projeto de investigação era saber se os agricultores controlam os factores internos que conduzem a dificuldades financeiras da mesma forma que os factores externos, como as condições meteorológicas, o ambiente económico, etc.

3.2.2 Proposição de investigação 2: O preconceito emocional dos agricultores distorce os resultados económicos e conduz a dificuldades financeiras.

O objetivo deste projeto de investigação era descobrir se um agricultor é tendencioso devido ao valor sentimental que tem em relação ao agricultor e à própria exploração agrícola. Parte-se do princípio de que a agricultura é mais um estilo de vida do que uma profissão.

3.2.3 Tese 3: Os agricultores compreendem os factores de valor das suas explorações e o impacto das suas acções.

O objetivo deste projeto de investigação era descobrir se os agricultores compreendem realmente os aspectos da sua atividade no contexto das suas explorações e o impacto das suas acções, ou se estão apenas a agir da forma convencional que lhes foi ensinada pelas gerações anteriores.

Capítulo 4 Metodologia e conceção da investigação

4.1 Introdução

Neste capítulo, os conceitos que informaram os capítulos anteriores a partir de um quadro académico foram comparados com as interpretações, percepções, pontos de vista e crenças individuais que emergiram do conhecimento e da experiência adquiridos no mundo real e na prática do sector agrícola para atingir os objectivos de investigação deste estudo.

O objetivo deste capítulo é dar um contributo (Panicker, 2011; Pretorius, 2014; Trahms, Ndofor, & Sirmon, 2013) que encoraje a desenvolver a investigação sobre a cognição de gestão e ilustrar o impacto nas percepções dos agricultores sobre as dificuldades financeiras. São explicados e justificados os antecedentes para a seleção do desenho de investigação relevante, os métodos e o processo de recolha de dados, bem como o processo de análise dos dados empíricos.

4.2 Escolha da metodologia

A investigação realizada neste estudo foi feita a partir de uma posição pragmática, utilizando um desenho de investigação qualitativa. Os pontos de vista e os argumentos utilizados para justificar um único método de investigação deveram-se à sua natureza exploratória, uma vez que o agronegócio não é amplamente investigado na literatura sobre reviravoltas, e muito menos no contexto sul-africano, que tem muitas caraterísticas únicas em comparação com outros países.

Creswell (2014) também argumenta que esta não é uma prática invulgar, uma vez que cada abordagem de investigação individual tem as suas próprias limitações. O estudo foi conduzido como um estudo qualitativo e, por conseguinte, seguiu uma abordagem indutiva em que o investigador realizou dez entrevistas semi-estruturadas para desenvolver construções teóricas e práticas e recolher pontos de vista, opiniões e pontos de vista sobre dificuldades financeiras de especialistas que estão altamente envolvidos no sector agrícola e têm conhecimentos e experiência aprofundados.

Como parte do estudo, o investigador procurou compreender as formas como as explorações agrícolas observam o ambiente em que operam, a fim de investigar quaisquer preconceitos e obter uma visão mais profunda da perceção e compreensão do ambiente em que se dedicam diariamente à agricultura. Uma abordagem qualitativa foi também mais flexível para diferentes tipos de estruturas e configurações agrícolas, em que os agricultores cultivam terras secas versus agricultores cultivam irrigação e agricultores cultivam terras aráveis versus agricultores cultivam gado ou caça.

Foi efectuado um estudo descritivo com base na literatura existente. Ao fazê-lo, o investigador não quis apenas descrever a situação financeira ou o ambiente em que a agricultura é atualmente praticada. Saunders e Lewis (2012) defendem que um estudo exploratório deve ir mais fundo e procurar explicações sobre as percepções cognitivas e as atitudes dos agricultores em relação ao declínio organizacional, às dificuldades financeiras, às reestruturações e ao estado geral do ambiente económico em que operam. No presente estudo, foi adoptada uma abordagem mais descritiva da literatura e uma abordagem exploratória na fase de recolha de dados. Para melhor compreender a forma como as dificuldades financeiras, as falências, as reestruturações e a perceção dos executivos são vistas pelos participantes neste estudo.

A estratégia utilizada permitiu ao investigador responder às questões de investigação e atingir os objectivos da investigação (Saunders & Lewis, 2012). A teoria de base foi desenvolvida através de entrevistas semi-estruturadas para estabelecer temas e subtemas durante o processo de recolha de dados.

Por conseguinte, um estudo qualitativo proporcionou uma visão mais profunda do fenómeno de investigação (Saunders & Lewis, 2012). A conceção exploratória foi utilizada para permitir que o investigador realizasse entrevistas aprofundadas para encontrar respostas e explicações quando se procurava clareza sobre um tópico. As questões de investigação foram concebidas para garantir que um método exploratório era adequado e relevante para responder às questões de investigação (Saunders & Lewis, 2012).

Devido às limitações de tempo enfrentadas pelo investigador na realização do estudo, os dados foram recolhidos sob a forma de um estudo transversal. Os dados foram recolhidos junto de diferentes grupos de peritos que faziam parte do comité de crédito, de comerciantes financeiros e de agricultores sem dificuldades. Este estudo limita-se ao declínio organizacional, às dificuldades financeiras, à falência, à recuperação de empresas e às percepções dos gestores.

4.3 Âmbito da investigação

O âmbito da investigação limitou-se a uma das maiores cooperativas de irrigação da África do Sul e a um prestador de serviços financeiros registado (FSP) com uma carteira de devedores de mais de 3 mil milhões de rands, que inclui mais de 2 000 contas e 700 agricultores.

O estudo centrou-se nos agricultores com contas de reporte e de pagamentos em atraso. O estudo incluiu agricultores com facilidades de produção, empréstimos a prazo e compras a prestações. O estudo analisou as contas dos agricultores classificados como não produtivos e com poucas probabilidades de poderem pagar as suas facturas nos seis meses seguintes.

A seleção desta organização baseou-se na conveniência e no acesso à base de dados da organização de agricultores que receberam empréstimos, bem como na coerência com a literatura e o tema dos agricultores baseados na África do Sul que utilizaram facilidades de crédito. Esta organização é também uma das principais partes interessadas e está exposta a grandes riscos quando um agricultor se encontra em dificuldades financeiras e desempenha um papel fundamental quando é necessário tomar medidas corretivas. A organização beneficia com este estudo para identificar sinais de alerta precoce nos constructos de cognição de gestão identificados neste estudo.

4.4 Metodologia e conceção da investigação

4.4.1 População

Nos termos do Companies Act 2008 (2011), as empresas em dificuldades financeiras são claramente definidas como empresas que têm uma probabilidade razoável de não pagar as suas dívidas no prazo de seis meses, ou empresas que estão a lutar para pagar as suas dívidas e podem tornar-se insolventes nos próximos seis meses.

Embora a cooperativa identificada tenha uma carteira de empréstimos de mais de 3 mil milhões de rands, a dívida e os pagamentos em atraso ascendem a 269 milhões de rands, o que equivale a 8,99% e é superior à norma do sector, que é de 5%. Este facto deve ser visto no contexto do ambiente macroeconómico VUCA em que estes agricultores operam, que nos últimos dois anos se caracterizou por secas severas, preços mais baixos dos produtos de base, taxas de inflação elevadas, uma taxa de câmbio volátil e várias outras ameaças naturais, como o verme do comando e a gripe aviária, para citar apenas algumas.

Neste estudo sobre a perceção das dificuldades, a população e a base de amostragem centraram-se nos agricultores com pagamentos em atraso e sobre-endividamento que se encontravam numa fase de declínio ou numa situação financeira já difícil.

Os agricultores analisados neste estudo são importantes decisores ou "jóqueis" que têm de tomar decisões sobre as medidas necessárias numa base quotidiana.

nos departamentos operacionais e estratégicos. Por esta razão, apenas foram considerados os agricultores comerciais sem qualquer fonte de rendimento adicional e foram excluídas todas as outras empresas relacionadas com a agricultura. O nível de gestão foi limitado às empresas agrícolas próprias e as estruturas das empresas não foram restringidas.

4.4.2 Unidade de análise

A unidade de amostragem para as entrevistas foi selecionada com o objetivo de conhecer os decisores financeiros mais importantes do meio agrícola do ponto de vista financeiro. Por conseguinte, decidiu-se identificar uma amostra representativa a ser representada na unidade de análise. Foram identificados três grupos de amostra para obter uma amostra justa e uma cobertura máxima das percepções de cada grupo, tendo sido selecionados quatro representantes de cada categoria.

Foram identificadas as três categorias seguintes para as entrevistas:

Poderiam ter sido incluídas certas medidas de controlo para comparar com precisão as explorações agrícolas entre si. Estas medidas poderiam incluir agricultores com a mesma diversificação, dimensão da exploração, divisão geográfica e volume de negócios, para comparar com exatidão os segmentos de dados. Este não era o objetivo do estudo, mas sim obter informações sobre a forma como as dificuldades financeiras são percebidas e geridas.

Quadro 2: Categorias da unidade de análise

Group	General Qualifications	Experience	Reason for selection
Expert	Bachelor's Degree and higher. NQF 7-8	More than 10 years	The expert group has been identified as senior members from the credit committee and has more than 10 years' experience. They also have major influence on credit applications being approved and the management of riskier accounts.
Financial Marketer	Matric with a few post certificates. NQF 6-7	More than 3 years	The financial marketer group is individuals working on ground level with

			farmers and is the contact person between the farmer and the credit committee. Their job is to manage both accounts and the relationship between the farmers.
Successful Farmers	No Qualifications NQF 6-7	More than 15 years	This group are the farmers themselves, who are considered successful in their operations and have a healthy financial position. They are also perceived as those farmers running their farming operations as a business.

4.4.3 Método de amostragem e âmbito

Este estudo é realizado através de 10 entrevistas semi-estruturadas e foi adoptada uma abordagem qualitativa. Foi utilizada uma amostra não-probabilística intencional e foram realizadas entrevistas semi-estruturadas como parte do projeto de investigação qualitativa. O tamanho da amostra das entrevistas é realizado com uma combinação de pessoas de três categorias e consiste em membros do comité de crédito, comerciantes financeiros e de campo e agricultores.

As entrevistas semi-estruturadas faziam parte de uma amostra não-probabilística e foram selecionadas exclusivamente com base no julgamento do investigador. Foram realizadas quatro entrevistas com peritos do comité de crédito, quatro entrevistas com comerciantes financeiros e quatro entrevistas com agricultores selecionados da categoria sem dificuldades financeiras. Isto permitiu ao investigador uma abordagem mais direta e o benefício de entrevistas presenciais para esclarecer qualquer informação que não tenha sido claramente respondida nas perguntas (Saunders & Lewis, 2012).

O objetivo destas entrevistas era permitir que o investigador reunisse conhecimentos especializados, pensamento e experiências de vários peritos no domínio das finanças e da agricultura, bem como explorar as principais tendências e construções actuais que representam o comportamento cognitivo dos clientes em dificuldades financeiras. Estas entrevistas exploraram variações e factores que contribuíram para a sua perceção de dificuldades financeiras, bem como planos de ação corretiva.

A dimensão da amostra de 10 entrevistas foi considerada suficiente para o objetivo deste estudo e para a fase qualitativa do projeto. A dimensão da amostra de entrevistas revelou-se suficiente para atingir a saturação e todos os constructos foram identificados sem que fossem acrescentados novos constructos após a última entrevista. Saunders e Lewis (2012) descrevem este fenómeno como saturação de dados.

Saunders e Lewis (2012) também referem que a amostragem intencional é o tipo de amostragem não probabilística mais comum e mais frequentemente utilizado, uma vez que sugere que não era claro para o investigador qual a probabilidade utilizada para selecionar cada membro da população.

4.4.4 Instrumento de medição

Foi utilizado um instrumento de medida no estudo. Para o método de investigação qualitativa, foram realizadas entrevistas pessoais semi-estruturadas com os 10 participantes. Este instrumento de medição é normalmente utilizado aquando da realização de investigação qualitativa (Saunders & Lewis, 2012; Saunders, Lewis, & Thornhill, 2008).

As entrevistas semi-estruturadas foram inicialmente utilizadas para desenvolver consistências e percepções e para clarificar quaisquer equívocos que o investigador pudesse ter tido em relação às percepções de dificuldades e reorganização das explorações. Esta ferramenta foi utilizada para testar as percepções e pensamentos dos indivíduos com base nas suas experiências no sector.

A estrutura destas entrevistas foi concebida para obter informações sobre as propostas de investigação propostas. As perguntas da entrevista foram divididas em duas secções. A primeira secção centrou-se em aspectos mais demográficos do participante, o que também serviu para o pôr à vontade para a fase seguinte das entrevistas. A segunda secção das entrevistas centrou-se nas questões de investigação apresentadas no Capítulo 3. Os dados nominais foram recolhidos e agrupados em categorias ou conjuntos de dados que não têm uma ordem específica (Saunders & Lewis, 2012).

O guião da entrevista foi concebido para permitir um envolvimento fácil e um diálogo aberto, deixando os participantes à vontade para responder facilmente às questões que lhes foram colocadas (Saunders et al., 2008). Os conceitos e constructos inter-relacionados foram explicados e partilhados apenas quando necessário durante a entrevista.

Os instrumentos de medição foram objeto de testes-piloto com colegas de trabalho e outras pessoas de diferentes departamentos para garantir que os instrumentos eram fáceis de compreender e de responder. O investigador também ganhou confiança no processo de recolha de dados e familiarizou-se com o conteúdo do instrumento de medição.

4.5 Aquisição e análise de dados

A recolha de dados começou assim que foi obtida a aprovação ética descrita no Anexo 6. As entrevistas foram efectuadas cara a cara com todos os entrevistados na sede do PSF identificado. Todas as entrevistas foram gravadas com o consentimento dos participantes e transcritas após as entrevistas. A duração estimada de cada entrevista foi de 30 minutos. As competências e técnicas do investigador têm um impacto direto na qualidade e nos resultados da investigação (Vaismoradi, Turunen, & Bondas, 2013). O investigador prestou muita atenção a estas competências ao realizar as entrevistas e abordou-as cuidadosamente, ouvindo com atenção e considerando as respostas às perguntas.

O investigador utilizou determinados procedimentos padrão durante as entrevistas, incluindo os seguintes:

- No início da entrevista, os participantes foram agradecidos pela sua disponibilidade para participar. Foi explicada a confidencialidade dos dados e o carácter voluntário da participação e foi assinado o consentimento exigido. Foi explicada uma visão geral dos conceitos e dos objectivos de investigação do estudo.

- As entrevistas foram gravadas com o iPhone do investigador e a autorização de gravação foi obtida antes do início da entrevista. Também foram tomadas notas durante cada entrevista para registar os principais constructos e possíveis respostas às respostas.

- Após a conclusão da entrevista, os participantes foram novamente agradecidos pelo seu tempo e disponibilidade para participar no estudo. Além disso, cada participante recebeu um agradecimento por correio eletrónico no prazo de uma semana após a entrevista.

- Cada entrevista e as notas foram guardadas em formato eletrónico e transcritas.

Os dados qualitativos podem ser categorizados em componentes de dados textuais e não textuais (Saunders & Lewis, 2012). Os dados recolhidos no processo de entrevista podem incluir gravações áudio, bem como notas feitas pelo investigador para efeitos de análise dos dados. Estes dados não textuais das gravações áudio foram armazenados eletronicamente pelo investigador.

Braun e Clarke (2006) sugerem que deve ser considerada uma abordagem acessível e teórica, mas flexível, aquando da análise de dados qualitativos. Esta abordagem defende que devem ser consideradas análises temáticas ou padronizadas da metodologia e estabelece um guia de seis passos para ajudar o processo de análise na investigação qualitativa. Este método de análise é amplamente utilizado e fornece um guia claro para o investigador que pretende analisar os seus dados recolhidos. O quadro seguinte enumera estas etapas e a abordagem à análise (Braun & Clarke, 2006):

Steps		Process
1.	Familiarizing yourself with the data	Transcribe data and read through it while making notes
2.	Generating initial codes	Systematically coding data across the data set
3.	Theme Searching	Collate the data into relevant and potential themes
4.	Reviewing Themes	Generate a thematic map and ensure that themes are coded into relation with other data
5.	Defining and naming themes	The continues analysis to refine themes into specific categories and define each category clearly and naming it
6.	Producing the report	The final step in the process, selection of extract and examples and relate back to the research proposal and literature. This should be reported in the research report

Quadro 3: Seis etapas da análise temática.

Fonte: (Braun & Clarke, 2006)

Os dados foram geridos utilizando o programa Atlas.ti, concebido para processar grandes conjuntos de dados qualitativos de uma forma lógica. O programa ajuda a organizar e a codificar os dados para as análises. Os resultados das análises foram utilizados para confirmar as propostas de investigação e para identificar os principais constructos a utilizar no questionário enviado aos agricultores.

4.6 Restrições

As possíveis limitações do estudo incluem o seguinte:

- Os inquiridos podem não ser honestos ao preencherem os instrumentos de medição (M. Saunders & Lewis, 2012) porque podem sentir-se nervosos ou intimidados ao preencherem o instrumento de medição. .
- Ao limitar a população à carteira de empréstimos de uma única cooperativa do sector, corre-se o risco de generalizar os agricultores de toda a África do Sul e de não incluir uma amostra mais representativa de outros agricultores do sector.

- Uma vez que se trata de um estudo transversal, apenas é medido um período específico na indústria e as tendências actuais, como as alterações climáticas, a incerteza económica e a instabilidade política, podem influenciar os resultados do estudo.
- Embora os domínios das dificuldades financeiras, da falência, da reestruturação organizacional, da recuperação de empresas e dos conhecimentos de gestão sejam amplamente investigados, a literatura não descreve completamente o contexto sul-africano destes fenómenos no contexto agrícola sul-africano.
- Uma vez que o investigador tem relações com os participantes num contexto empresarial, é preciso ter cuidado ao tirar conclusões definitivas ou ao excluir dados devido a preconceitos do investigador.
- A amostragem não probabilística propositada pode ter excluído os principais decisores aquando da determinação da população. Para garantir que não era esse o caso, o investigador selecionou as três categorias diferentes de participantes para as entrevistas.
- Devido a limitações de tempo, o investigador teve a opção de ignorar o método de recolha de dados.

4.7 Conclusão

Saunders e Lewis (2012) também incentivam os investigadores a revelar os seus preconceitos pessoais em relação ao contexto da investigação, que podem ter um impacto nos resultados da investigação. Por conseguinte, é importante reconhecer que o investigador é um funcionário da cooperativa e tem relações comerciais com todos os participantes neste estudo.

Capítulo 5 - Resultados

5.1 Introdução

Neste capítulo, são apresentados os resultados dos dados recolhidos em entrevistas individuais semi-estruturadas para confirmar as três propostas de investigação formuladas no Capítulo 3. Para garantir a coerência entre as questões de investigação, a revisão da literatura e o método de recolha de dados, foram identificados e analisados temas e constructos comuns através da análise temática.

5.2 Perfil dos entrevistados

Para garantir que a amostra selecionada representa as caraterísticas da população, foi utilizada uma amostragem não probabilística (Saunders & Lewis, 2012). O objetivo do estudo era obter três perspectivas diferentes no sector dos serviços financeiros. Foram realizadas 12 entrevistas com três grupos diferentes de partes interessadas de uma organização, sendo que oito participantes trabalhavam na organização e quatro eram agricultores e clientes da empresa.

Todos os participantes cumpriram os critérios prescritos em termos de experiência agrícola, e a experiência variou de 4 a 38 anos, com cada participante tendo diferentes níveis de experiência agrícola. Os diferentes participantes também representavam quatro das nove províncias geográficas da África do Sul, de modo que o estudo tem uma representação geográfica adequada em todas as diferentes dimensões da agricultura.

Foram realizadas entrevistas de contacto com sete dos doze participantes e entrevistas telefónicas com os restantes cinco participantes. Embora esta não tenha sido a melhor escolha para a entrevista, foi a única solução prática para acomodar tanto o investigador como os participantes. As entrevistas de contacto foram todas realizadas no escritório dos participantes, onde estes se sentiram à vontade e puderam exprimir mais facilmente as suas opiniões.

Uma vez terminadas as entrevistas, os ficheiros áudio foram transcritos para texto e analisados através da abordagem da análise temática, identificando temas e códigos relevantes. O quadro seguinte descreve as caraterísticas demográficas da amostra:

Quadro 4: Dados demográficos da amostra

Group		Gender	Age	Job Title	Region	Field of Speciality	Qualification	Years Experience
Grouping	Participants							
Agricultural Experts	Participant 2	Male	49	Financial Marketer Manager	North-West	Finance, Credit & Field Crops	Post Graduate	25
	Participant 4	Male	47	Manager: Product and Strategic Developer	Gauteng	Finance, Hedging & Permanent Crops	Post Graduate	24
	Participant 5	Male	29	Business Manager	Limpopo	Finance & Sales	Post Graduate	7
	Participant 6	Male	47	Business Manager	Limpopo	Cattle	Post Graduate	30
Financial Marketers	Participant 1	Male	30	Financial Marketer	Limpopo	Finance & Sales	Post Graduate	4
	Participant 3	Male	57	Financial Marketer	Mpumalanga	Finance & Hedging	Graduate	31
	Participant 7	Male	61	Financial Marketer	Limpopo	Financial Planning	Graduate	38
	Participant 12	Male		Financial Marketer	North-West	Finance & Poultry	Graduate	
Farmers	Participant 8	Male	54	Farmer: Owner	Limpopo	Cotton, Citrus & Field Crops	Graduate	33
	Participant 9	Male	35	Farmer: Owner	Limpopo	Tobacco, Potatoes & Vegatables	Matric	17
	Participant 10	Male	48	Farmer: Owner	Limpopo	Vegatables & Field Crops	Matric	12
	Participant 11	Male		Farmer: Owner	Limpopo	Vegatables & Field Crops	Matric	

5.3 Tópicos derivados dos resultados

O processo de investigação consistiu em entrevistas semi-estruturadas com 12 participantes do sector agrícola e na análise subsequente dos dados qualitativos recolhidos nessas entrevistas. As entrevistas captaram as ideias, os conhecimentos e as percepções dos participantes que têm experiência no sector agrícola, bem como as várias facetas do declínio e da reorganização das explorações agrícolas.

5.3.1 Tese 1: Os agricultores controlam igualmente bem os factores internos e externos que conduzem ao declínio da organização.

5.3.1.1 Constatação 1.1: Declínio da atividade agrícola

Foi perguntado aos inquiridos se os agricultores controlam os riscos nas suas várias explorações e se essas medidas de redução dos riscos evitam o declínio e o insucesso das explorações.

Todos os entrevistados concordam que o declínio da agricultura se deve a factores internos e externos e que estes factores estão a levar ao declínio das empresas agrícolas.

Entrevistado 1: *"Penso que a maioria dos agricultores com quem trabalho monitoriza os riscos nas suas explorações. Também varia de agricultor para agricultor, mas nos dias de hoje diria que os agricultores monitorizam um certo tipo de risco. "*

Entrevistado 7: *"Pessoalmente, tomei algumas notas antes da nossa reunião e penso que diria sim a um rácio de 60% e não a 40%. Penso que os agricultores informados, como o agricultor X, estão relativamente bem familiarizados com a monitorização deste risco.*

Foram identificados três construtos principais como factores externos que afectam uma empresa agrícola e que têm o potencial de causar o desaparecimento da empresa. Os factores externos são geralmente designados como os riscos a que uma empresa está exposta e sobre os quais não tem qualquer controlo. Estes constructos foram identificados como alterações climáticas, condições de mercado e cenários políticos. As respostas ajudaram a categorizar estes temas principais em subtemas e o quadro seguinte mostra as respostas por participante para identificar estes subtemas.

Themes	R 1	R 2	R 3	R 4	R 5	R 6	R 7	R 8	R 9	R 10	R 11	R 12
Yes, all of them					X							
No, not one of them												
Majority	X					X						
Minority		X	X	X			X	X	X	X		

Quadro 5: Factores externos que influenciam uma empresa agrícola

Entrevistado 2: "*Penso que varia de estação para estação, este ano foram factores externos e*

noutros anos podem ser factores internos, mas penso que, neste momento, os factores externos desempenham o papel mais importante.

Entrevistado 3: *"Uma área muito grande onde trabalho é de sequeiro. Infelizmente, existe aí uma monocultura, ou seja, planta-se uma cultura de verão, ou seja, milho ou soja e, aqui e ali, girassóis. Por isso, estes agricultores não têm muita escolha. Para além das flutuações de preços e da sobreprodução, o que fazer numa situação como esta?"*

No quadro 5, um total de 11 subtemas foi mencionado pelos 12 inquiridos. Uma indicação clara de que três subtemas importantes se destacaram e foram identificados foi a seca, a volatilidade dos preços e os custos dos factores de produção. Estes três subtemas foram os factores mais importantes que contribuíram para o declínio financeiro.

A pergunta sobre os factores internos visava identificar as questões que os agricultores podem influenciar e controlar. Foram identificados dois tópicos principais relacionados com a atenuação dos riscos e o planeamento financeiro.

Quadro 6: Riscos internos que influenciam uma empresa agrícola

Themes	R	R	R	R	R	R	R	R	R	R	R	R
	1	2	3	4	5	6	7	8	9	10	11	12
Hail						X		X	X	X		
Drought	X				X		X	X	X	X		
Flooding									X	X		
Temperature							X	X				
Pricing				X	X	X	X	X				
Pesticides	X											
Input Costs	X	X	X	X			X					
Inflation				X			X					
Policies	X				X		X			X		
Land Appropriation										X		
Farm Murders												

Entrevistado 5: *"Tentam articular tendências, como o El Nino e coisas do género, observam questões políticas, como antes e depois das eleições, os períodos de greve, etc."*

Os riscos que afectam a saúde financeira da exploração podem ser mitigados pela gestão como parte da gestão interna, por exemplo, através da mitigação geral dos riscos e do planeamento financeiro. A responsabilidade por esta mitigação de riscos cabe ao "jockey" ou diretor executivo e à gestão de topo. Estes dois constructos também têm subtemas, como descrito na tabela acima.

5.3.1.2 Conclusão 1.2: Opções para atenuar o impacto nas explorações agrícolas

Foi perguntado aos inquiridos se consideravam que os riscos estavam a ser monitorizados em todas as explorações agrícolas. Os inquiridos não estavam convencidos de que tal fosse feito a um nível satisfatório e mencionaram que a monitorização dos riscos é mais pronunciada nas explorações mais bem sucedidas e que existe uma tendência para as explorações em dificuldade não monitorizarem os riscos de forma tão eficiente e na mesma medida que as explorações bem sucedidas.

Themes	R 1	R 2	R 3	R 4	R 5	R 6	R 7	R 8	R 9	R 10	R 11	R 12
Insurance		X			X		X					
Crop Insurance	X											
Hedging	X	X	X		X		X					
Labour									X			
Cash Flow Management		X				X	X					

Quadro 7: Controlo dos riscos nas explorações agrícolas

Entrevistado 3: *"Penso que temos de ser honestos, há agricultores que o fazem muito bem, mas também tendem a ser os agricultores mais jovens e mais profissionais, que controlam tudo. Ele controla e mede tudo em função de um orçamento. "*
Entrevistado 7: *"Pessoalmente, penso que os agricultores que monitorizam e gerem o risco são, de longe, uma minoria e há muito poucos agricultores que fazem planeamento financeiro, cobertura e seguros, limitando-se a plantar uma cultura na esperança de que seja suficientemente grande para cobrir todos os custos".*
Muitos inquiridos salientaram que nem todos os agricultores controlam os riscos da mesma forma e que os agricultores mais bem sucedidos tendem a ter mais disciplina no controlo dos riscos do que os agricultores com dificuldades financeiras.
Embora todos os participantes tenham afirmado que apenas alguns agricultores controlam os seus riscos, todos concordam que os agricultores que estão expostos a certos riscos que podem levar ao declínio financeiro são geralmente os agricultores mais bem sucedidos e rentáveis.
Entrevistado 7: *"Se perguntarmos à maioria dos agricultores sobre a sua situação financeira, podemos ver que estão a fazer um esforço para a gerir. No entanto, não estou certo de que a maioria dos agricultores tenha os seus conhecimentos financeiros actualizados. Os agricultores mais bem sucedidos tendem a ter mais conhecimentos financeiros e técnicos do que a maioria."*

5.3.2 Proposição de investigação 2: O preconceito emocional dos agricultores distorce os resultados económicos e conduz a dificuldades financeiras.

5.3.2.1 Constatação 2.1: Evolução da agricultura nos últimos 20 anos

O objetivo da questão de investigação 2 era identificar a evolução e a mudança que remodelaram o sector agrícola e a forma como os agricultores mudaram a sua mentalidade, passando da agricultura como um estilo de vida para um negócio, e que preconceitos permanecem na mentalidade dos agricultores e de que forma isso afecta as suas decisões e acções.

Themes	R	R	R	R	R	R	R	R	R	R	R	R
	1	2	3	4	5	6	7	8	9	10	11	12
Technology						X	X			X		
Margins		X	X			X	X	X	X	X		
Professionalism	X		X	X			X		X			
Diversifications	X						X		X			
Branding					X							
Land Prices			X									
Markets						X		X	X			

Quadro 8: Evolução da agricultura nos últimos 20 anos.

Participante 3: *"Definitivamente não, há um par de coisas que mudaram, em primeiro lugar, a pressão sobre as margens aumentou significativamente, pode facilmente ouvir alguém dizer que o seu pai costumava colher três toneladas por hectare e ainda podia comprar um bakkie e um trator, hoje em dia essas três toneladas não são sequer suficientes para cobrir os custos de funcionamento."*

Participante 10: *"Muito mais tecnologia, custos dos factores de produção, era preciso cultivá-los e, hoje em dia, há tanta diversificação que é preciso ter em atenção.*

Participante 6: *"A tecnologia mudou muito, há tantas tecnologias que penso que ainda hoje são subutilizadas, estou só a pensar na tecnologia de programação da irrigação. As margens de lucro diminuíram definitivamente, os custos dos factores de produção aumentaram acentuadamente e, há 20 anos, não éramos competitivos a nível mundial.*

Os participantes apontaram várias mudanças que se alteraram significativamente nos últimos 20 anos. Ao analisar o quadro 8, as margens, o profissionalismo e a tecnologia foram citados como as mudanças mais significativas nas últimas duas décadas. Muitos dos participantes têm mais de 20 anos de experiência e sabem em primeira mão como estas mudanças afectaram as explorações agrícolas e o sector em geral.

5.3.2.2 Conclusão 3.3: Preconceito emocional

Nas entrevistas, perguntou-se aos participantes se os agricultores têm um "lado cego" emocional quando são necessárias determinadas acções e por que razão consideram que continuam a ser emocionais, apesar das mudanças ocorridas nas últimas duas décadas, e o que desencadeia essas emoções.

Quadro 9: Influência emocional nas acções dos agricultores

Themes	R	R	R	R	R	R	R	R	R	R	R	R
	1	2	3	4	5	6	7	8	9	10	11	12
Inheritance	X		X		X	X		X	X			
Lifestyle										X		
Yes	X	X	X				X		X			
No												
Business												

Participante 2: *"Sim, penso que a maioria dos agricultores continua a ser emotiva, mas nos últimos anos os mega-agricultores e os agricultores de maior dimensão começaram a perder isso. Diria que isso desaparecerá nos próximos cinco a dez anos, mas, de momento, a maioria dos agricultores continua a ser muito sentimental em relação às suas explorações."*

Entrevistado 3: *"Sim, sem dúvida. Sobretudo nas terras herdadas, eles (os agricultores) são muito sentimentais".*

Entrevistado 6: *"Em todo o caso, especialmente se a exploração agrícola for decaindo, preferem manter a terra herdada com baixo potencial e vender a terra com elevado potencial de produção para pagar as suas dívidas."*

Os entrevistados estavam absolutamente certos e muito confiantes de que esses preconceitos ainda existem entre os agricultores e que isso ainda influencia fortemente as suas acções e decisões, apesar da concorrência global.

5.3.2.3 Perspetiva 2.3: Mudança de estilo de vida para negócio

Themes	R	R	R	R	R	R	R	R	R	R	R	R
	1	2	3	4	5	6	7	8	9	10	11	12
Lifestyle	X											
Business		X					X	X		X		
Combination			X	X	X	X			X			

Quadro 10: Estilo de vida vs. negócios

Entrevistado 2: *"Penso que a situação mudou drasticamente nos últimos 10/20 anos. Cada vez mais agricultores começaram a encarar a agricultura como um negócio. Os únicos agricultores que ainda a vêem como um estilo de vida são os agricultores mais velhos e os agricultores com um baixo nível de endividamento."*

Entrevistado 4: *"Penso que ainda há agricultores que encaram a atividade agrícola como um estilo* *de vida e uma paixão e depois fazem o negócio. Os agricultores bem sucedidos têm um equilíbrio entre o seu estilo de vida e a sua atividade.*

Entrevistado 5: *"É uma mistura de ambos, penso que mais pessoas vêem-no como um negócio, mas se não encararem o estilo de vida como um negócio, não vai funcionar. Por isso, não significa que se vai ser um agricultor de sucesso se se for um homem de negócios."*

Esta pergunta foi colocada aos participantes para saber como os agricultores encaram a sua atividade e se ainda vêem a agricultura como um estilo de vida em que o agricultor se senta no alpendre, fuma o seu cachimbo e olha para o ar livre onde o seu gado pasta, ou se é uma atividade intensiva em que se está constantemente a trabalhar.

Os participantes deixaram claro que existe uma forte tendência para a agricultura intensiva, mas que a maioria dos agricultores continua a combinar o estilo de vida com a profissão. O número de agricultores que vêem a agricultura como um estilo de vida está a diminuir.

5.3.3 Tese 3: Os agricultores compreendem os factores de valor das suas explorações e o impacto das suas acções.

5.3.3.1 Constatação 3.1: Os agricultores e a sua perspicácia comercial

O objetivo da terceira questão de investigação era saber se os agricultores compreendem os factores que acrescentam valor às suas explorações e o impacto das suas acções. Para o efeito, é necessário saber se os agricultores são bons empresários e se compreendem tanto a vertente técnica da agricultura como os princípios empresariais que acrescentam valor às suas explorações.

Quadro 11: Os agricultores como empresários

Themes	R	R	R	R	R	R	R	R	R	R	R	R
	1	2	3	4	5	6	7	8	9	10	11	12
Yes, Both					X				X			
Yes, Minority	X	X	X	X			X	X				
No, Only one												
No, Need experts						X						

Participante 1: *"Penso que, como disse, alguns dos agricultores mais jovens são provavelmente melhores empresários do que alguns dos agricultores mais velhos, mas suponho que, como em qualquer sector, há bons e menos bons empresários, pelo que diria que os agricultores que continuam a prosperar em tempos difíceis são bons empresários."*

Participante 3: *"Geralmente não, mas há agricultores que são bem sucedidos e superam os outros porque têm conhecimentos técnicos muito bons e perspicácia empresarial."*

Participante 4: *"Depende do facto de se querer generalizar ou não. Há certamente agricultores que adquiriram certas competências empresariais e aceitaram o facto de terem de se adaptar. Estes agricultores também gerem as suas explorações de acordo com estes princípios e são muito bem sucedidos. Por outro lado, os agricultores que não o fazem estão financeiramente sobrecarregados.*

Um dos participantes também referiu que há muito volume de negócios na agricultura, mas com margens de lucro muito baixas e que, se não se tiver as competências e os conhecimentos empresariais corretos, torna-se muito perigoso para estes agricultores e é muito provável que acabem em dificuldades financeiras.

5.3.3.2 Resultado 3.2: Abordagem dos agricultores ao declínio e às dificuldades financeiras

Themes	R 1	R 2	R 3	R 4	R 5	R 6	R 7	R 8	R 9	R 10	R 11	R 12
Pro-Active												
Re-Active	X		X	X	X			X	X	X		

Quadro 12: Abordagens pró-activas e reactivas

Entrevistado 5: *"Os riscos e os acontecimentos são geridos onde os agricultores se encontram sob maior pressão, ou seja, se o clima constitui um risco específico, os agricultores concentram-se nesse aspeto, se o seu fluxo de tesouraria o está a pressionar, os agricultores concentram-se nesse aspeto. ".... "Os agricultores são certamente mais reactivos do que proactivos."*

Entrevistado 7: *"Muito, muito poucos agricultores planeiam com antecedência".*

Entrevistado 1: *"Penso que os agricultores são mais reactivos, como se pode ver no ano passado, quando as colheitas de milho não foram tão elevadas como este ano, mas os preços eram elevados, pelo que houve sobreprodução, e agora os preços do milho estão baixos, pelo que diria que são mais reactivos do que proactivos.* "É importante saber se os agricultores são mais reactivos do que proactivos, pois isso determinará o seu enquadramento para a conversão. Como os agricultores são reactivos, é necessário adotar uma abordagem operacional.

5.3.3.3 Conclusão 2.2: Medidas estratégicas e operacionais

Themes	R 1	R 2	R 3	R 4	R 5	R 6	R 7	R 8	R 9	R 10	R 11	R 12
Financial Planning	X		X					X	X	X		
General Technical Knowledge					X		X	X	X			
Pro-Active				X				X				
Inherit	X											
Risk Management									X			
Employ Experts			X	X			X					
Cost Retrenchment						X		X	X	X		
Asset Retrenchment						X		X		X		

Quadro 13: Subtemas das medidas de recuperação

Entrevistado 1: *"Em termos financeiros, são muito poucos os agricultores que fazem planeamento financeiro e ainda menos os que sabem realmente quais são as despesas reais da sua exploração em cada mês, em cada estação e em cada ano. Esperam apenas que a colheita seja suficientemente grande para cobrir todas as despesas.*

Entrevistado 9: *"O planeamento financeiro é importante, mesmo que eu ache que algumas pessoas são melhores do que outras".*

Entrevistado 7: *"Muitos dos agricultores têm competências técnicas fantásticas, mas muito poucos têm competências de gestão financeira e responsabilidade pela sua situação financeira. Muitas vezes gastam meio milhão de rands em algo que não contribui em nada para o fluxo de caixa".*

O quadro 13 identifica as medidas que podem ajudar os agricultores a reorganizar as explorações em dificuldades. Essas medidas incluem respostas proactivas e reactivas dos agricultores que lhes permitem reorganizar as suas explorações quando se encontram em dificuldades financeiras.

5.4 Resumo

Este capítulo apresenta todos os resultados recolhidos e analisados em relação a cada participante nas propostas de investigação delineadas neste estudo, que são discutidas mais pormenorizadamente no Capítulo 6.

Capítulo 6 - Discussão dos resultados

6.1 Introdução

No capítulo anterior, os efeitos das dificuldades financeiras, dos conhecimentos de gestão e da reabilitação das explorações agrícolas foram discutidos utilizando uma abordagem qualitativa exploratória através de entrevistas semi-estruturadas com três grupos diferentes de partes interessadas de uma cooperativa agrícola na África do Sul. O objetivo do Capítulo 6 é analisar as conclusões, combinando a teoria e as discussões dos resultados apresentados no Capítulo 5 e a literatura apresentada no Capítulo 2.

6.2 Contexto dos resultados

Como mencionado no Capítulo 1, o termo VUCA tem sido amplamente utilizado para descrever o ambiente económico na última década, desde a crise financeira global (Bennett & Lemoine, 2014; Tran, 2017). A indústria agrícola sul-africana também enfrentou os seus próprios desafios ao longo da última década, com secas severas, vários surtos de doenças, gripe aviária, mancha negra dos citrinos e infestações de lagarta-do-cartucho a espalharem-se pelo país, contribuindo para perdas de vários milhões de rands na indústria (Delgado et al, 2016; Grower, 2013; Lim, Nikhil, Morse, & Rowe, 2013; Louw et al, 2017). Tudo isto enquanto os agricultores sul-africanos lutam para equilibrar as suas contas e gerir as suas explorações de forma sustentável. Embora se saiba que estas circunstâncias são factores externos sobre os quais os agricultores têm pouco controlo, este estudo investiga se os agricultores levam este fenómeno tão a sério como as outras partes interessadas do sector agrícola.

6.3 Discussão dos resultados da proposta de investigação 1

Tese 1: Os agricultores controlam igualmente bem os factores internos e externos que conduzem ao declínio da organização.

O objetivo da tese 1 era descobrir se os agricultores monitorizam os riscos externos e internos com a mesma intensidade. Esta informação foi verificada pelo investigador em entrevistas semi-estruturadas com três grupos diferentes de partes interessadas, incluindo quatro agricultores bem sucedidos. Os resultados obtidos foram discutidos por diferentes participantes no estudo, com diferentes pontos de vista sobre qual risco é mais importante que o outro e qual tem maior impacto na sustentabilidade e na situação financeira da exploração.
No entanto, todos os entrevistados reconheceram que ambos os factores têm um impacto no desempenho da exploração agrícola, sendo que o foco interno se centra mais na forma de gerir estes riscos externos para garantir o crescimento da exploração. Foram identificados factores externos e externos que influenciam a atividade da exploração agrícola. As alterações climáticas, os riscos de mercado e o ambiente político foram identificados como factores externos.

No Quadro 8, os resultados por participante reflectem que as alterações climáticas (que incluem catástrofes naturais como inundações, precipitação, granizo, temperaturas, condições meteorológicas extremas e seca) foram citadas como o fator mais importante que leva ao declínio financeiro das explorações agrícolas. As alterações climáticas estão intimamente ligadas à agricultura. Apesar dos progressos registados na abordagem das alterações climáticas através de várias novas tecnologias, biotecnologia e sistemas de irrigação mencionados pelo participante 6 e na literatura (Ullah, Shivakoti, Zulfiqar, & Kamran, 2016). Devido ao enorme impacto que estes factores têm no potencial de rendimento e nas consequências financeiras, este é um dos factores externos mais importantes com que um agricultor tem de lidar. Afirma-se também que as alterações climáticas são mais extremas do que nunca na história (Kingwell & Xayavong, 2017).

Na última década, registaram-se os dez anos mais quentes desde que começaram a ser feitos registos, há 20 anos, o que levará a extremos climáticos mais frequentes, e as explorações agrícolas terão de planear e inovar as suas abordagens agrícolas face a esta tendência contínua de condições meteorológicas incertas, levando a uma maior segurança alimentar (Sagar, 2012).

As alterações climáticas não têm apenas a ver com os padrões meteorológicos, mas também têm um impacto à medida que os dias se tornam mais longos e mais quentes. É o terreno ideal para a reprodução de roedores e pesticidas que se desenvolvem em climas mais quentes, e pode também afetar os rendimentos e as colheitas (Grower, 2013).

Outra construção foi a dos factores de risco do mercado, como a inflação, as margens de lucro e os custos dos factores de produção. O entrevistado 3 explicou que, há alguns anos, um agricultor com um rendimento de três toneladas de milho por hectare podia pagar todas as suas dívidas e comprar uma carrinha ou um trator. Atualmente, três toneladas por hectare não chegam sequer para cobrir o custo dos factores de produção e dos empréstimos à produção.

Esta diminuição das margens de lucro é um sinal claro de que os agricultores precisam de prestar mais atenção ao seu fluxo de caixa e gerir as suas despesas de forma mais rigorosa. O segundo inquirido também afirmou que os agricultores não sabem quais são as suas despesas operacionais mensais. A literatura também afirma que a gestão do fluxo de caixa é um dos factores mais importantes que devem ser geridos quando uma empresa mostra sinais de declínio (Almamy, Aston, & Ngwa, 2016). Num mundo financeiro em rápida mutação, a capacidade de lidar com o inesperado é tão importante para o agricultor como as competências empresariais e de gestão do negócio.

As margens de lucro são um dos principais subtemas que emergiram dos dados recolhidos, destacando o declínio das margens de lucro que os agricultores obtiveram nas últimas décadas. Atualmente, as vendas das explorações agrícolas são enormes, mas as margens estão a diminuir, o que representa uma grande ameaça para os agricultores que ainda não conseguiram controlar o seu planeamento financeiro. A gestão do risco de preço é um dos maiores desafios para os produtores de cereais, especialmente em tempos de elevada volatilidade (Kilian, 2014). Os mercados de derivados oferecem às empresas agrícolas instrumentos de gestão do risco.

O custo dos factores de produção também ocupou um lugar de destaque na lista e foi sobretudo mencionado pelos comerciantes financeiros que trabalham em estreita colaboração com os fornecedores e os agricultores no terreno. É também interessante notar que existe uma correlação entre as respostas dos comerciantes e dos agricultores, o que pode indicar que os especialistas sentados num escritório e fora de contacto com o que está realmente a acontecer nas explorações agrícolas podem não estar envolvidos.

Os agricultores não têm qualquer controlo sobre os preços dos produtos de base, quer se trate de fertilizantes, gasóleo, produtos químicos ou mesmo dos bens que produzem. De acordo com o Acordo sobre a Agricultura da Organização Mundial do Comércio (OMC), os preços dos produtos de base são derivados dos preços internacionais, o que significa que existem limites máximos e mínimos para os preços dos produtos de base que não podem exceder a paridade das importações. Os preços internos são, por conseguinte, transaccionados próximo da paridade de importação se houver escassez local. No entanto, o aumento dos custos dos factores de produção e da mão de obra continua a ser um desafio importante para os produtores. Nos últimos anos, os custos dos factores de produção aumentaram mais rapidamente do que os preços das matérias-primas produzidas (DAFF, 2015).

Outro risco externo, embora não mencionado em todas as entrevistas, foi a influência da política no ambiente agrícola, particularmente no contexto sul-africano. Embora a influência política neste sector seja altamente controversa e existam muitos pontos de vista e percepções diferentes, é simultaneamente sensível e controversa.

A apropriação de terras, os assassinatos na agricultura, bem como a política e a regulamentação foram identificados como temas.

Estes regulamentos e políticas têm um impacto na agricultura e na rentabilidade das explorações agrícolas. Isto ocorre geralmente quando é introduzida legislação, como a regulamentação sobre a utilização de certos pesticidas nas culturas ou de medicamentos para o gado, que pode afetar os custos de produção. Estas regulamentações são também observadas no tratamento da mancha negra nos citrinos e da febre aftosa no gado (DAFF, 2015; Delgado et al., 2016; Grower, 2013).

Nas secções anteriores, tornou-se claro que os factores externos têm um impacto direto na sobrevivência do agricultor e que este não tem qualquer controlo sobre esses factores. Por conseguinte, coloca-se a questão de saber o que um agricultor deve fazer para minimizar estes riscos e proteger-se a si próprio e à sua exploração de se tornarem apenas mais uma vítima do ambiente cruel e implacável.

As percepções dos gestores referem-se à forma como estes percepcionam os factores de declínio e a sua tendência para os indicadores que conduzem ao declínio organizacional (Trahms et al., 2013). Trahms et al. (2013) também apontam os três elementos das percepções dos gestores que influenciam as acções de recuperação: a consciência do declínio, a atribuição do declínio e, por último, a gravidade do declínio.

O estudo concluiu que foram identificados dois grandes temas recorrentes do ponto de vista dos factores internos. Esses dois temas foram a mitigação de riscos e o planeamento financeiro. Os participantes também foram abertos quanto ao facto de os agricultores não monitorizarem e planearem os factores relevantes necessários a um CEO ou a um membro da gestão de topo de uma organização numa perspetiva interna (Panicker, 2011; Vercammen et al., 2012).

Alguns riscos são exclusivos da agricultura, como os factores externos mencionados nas secções anteriores, mas outros riscos são comuns a todas as empresas e contribuem para o perfil de risco da exploração, podendo ser controlados através de uma boa gestão. Os riscos financeiros podem ser geridos através da transferência do risco para as companhias de seguros. Existem muitos produtos diferentes disponíveis para as explorações agrícolas. O problema geral com as explorações agrícolas e os seguros é que existe um elevado risco de liquidez, na medida em que normalmente não podem pagar os prémios associados, por exemplo, a taxa para a cultura do tabaco é de 25% do valor total da cultura.

A cobertura de riscos é outra forma de minimizar o risco dos preços de mercado para as empresas agrícolas e de as proteger contra a evolução negativa dos preços.

O cerne da tese 1 reside provavelmente na próxima questão identificada pelos entrevistados como uma questão significativa e uma das questões mais importantes no declínio e transição das empresas agrícolas, nomeadamente o planeamento financeiro (Pretorius, 2014; Trahms, Ndofor, &

Sirmon, 2013; Velez-Castrillon & Angert, 2015; Yih, 2017). Louw (2017) também argumenta que a maioria das empresas fracassa devido a um planeamento financeiro inadequado. As projecções financeiras devem orientar a equipa de gestão e também informar potenciais investidores. Os documentos que fazem parte deste processo de planeamento incluem demonstrações financeiras, orçamentos, projecções, demonstrações de gestão e projecções de fluxos de caixa.

6.4 Discussão dos resultados da proposta de investigação 2

Proposta de investigação 2: O preconceito emocional dos agricultores distorce os resultados económicos e conduz a dificuldades financeiras.

O objetivo deste projeto de investigação era determinar de que forma a indústria agrícola mudou nos últimos 20 anos e de que forma estes desenvolvimentos moldaram a mentalidade dos proprietários agrícolas e se os seus estilos de gestão e preconceitos mudaram ao mesmo ritmo que o resto da indústria. Esta proposta de investigação também parte de um pressuposto importante, nomeadamente que a agricultura continua a ser um estilo de vida e não um negócio. O estigma do agricultor sentado na varanda, a beber chá, a fumar cachimbo e a olhar para o seu gado a pastar em campo aberto, ou será que também isso mudou para uma atividade mais prática?

Os resultados da amostra global, que figuram no quadro 8 da p. 44, mostram que sete subtemas sofreram alterações nos últimos 20 anos. Este indicador financeiro mostra, mais uma vez, que os agricultores estão sob pressão financeira e que a margem de erro nas explorações é mínima.

Os participantes também salientaram que as maiores mudanças nos últimos 20 anos se verificaram nos domínios da tecnologia, da diversificação, do profissionalismo e da marca. Os participantes também observaram que a maioria dos agricultores não conseguiu adaptar-se ao ambiente em mudança e ainda está presa a uma mentalidade ultrapassada. Embora a maioria dos agricultores sinta que continua a utilizar sistemas e estilos de gestão ultrapassados, reconhece que os agricultores bem sucedidos foram capazes de efetuar essas mudanças e adaptar as suas práticas a explorações inovadoras, flexíveis e diversificadas.

Os participantes mencionaram que a tecnologia tem feito enormes progressos na produção de alimentos para um mundo em crescimento, permitindo que um agricultor alimente muito mais pessoas por dia do que há duas ou três décadas atrás. Esta tecnologia desenvolveu-se em duas frentes, e ambas são mencionadas nas entrevistas com vários participantes durante a recolha de dados. Uma dessas tecnologias é a maquinaria e o equipamento que evoluíram significativamente e alteraram a forma como as explorações agrícolas são geridas hoje em dia, ao ponto de ser quase inimaginável como uma exploração agrícola funcionaria sem determinados tractores e equipamento. Estas máquinas aumentaram significativamente a produtividade e a eficiência nas explorações agrícolas e tornaram o fator humano quase completamente redundante. Um exemplo disso é a cultura do algodão, em que muitas pessoas eram empregadas na colheita do algodão. Hoje em dia, existem máquinas de colheita que são muito mais rápidas e eficientes do que na altura, e a uma fração do custo (Short, Ketchen, Palmer, & Hult, 2007).

A outra tecnologia introduzida é a biotecnologia. Esta tecnologia inclui uma série de instrumentos, tais como técnicas de reprodução que alteram organismos vivos, modificam produtos e melhoram o desenvolvimento de plantas e animais para fins agrícolas específicos. Estas ferramentas e técnicas também têm um impacto significativo na engenharia genética, uma vez que as plantas são capazes de resistir a ambientes mais adversos, como a seca, e aumentar o rendimento das culturas de base para garantir a segurança alimentar de uma população em crescimento (Louw et al., 2017; Ullah,

Shivakoti, Zulfiqar, & Kamran, 2016; Vink & Rooyen, 2009).

A Tabela 8 na pág. 44 também mostra que outro subtema mencionado pelos inquiridos foi o profissionalismo e a diversificação. A diversificação é um fator inibidor e é apoiada por um dos factores de valor de Louw (2017), que afirma que desempenha um papel muito importante nas estratégias de crescimento e sustentabilidade de muitas explorações agrícolas. Tais tendências são identificadas como a diversificação dos agricultores para novos mercados globais. Estes acontecimentos podem ser observados diariamente nas explorações agrícolas onde os agricultores começam a produzir culturas que são internacionalmente competitivas e onde a exploração agrícola começa a obter divisas como rendimento. Esta diversificação inclui a tendência para o cultivo de culturas permanentes como os frutos secos, os citrinos e as uvas.

Como as explorações agrícolas competem com as suas exportações à escala global, os agricultores tiveram de se tornar mais profissionais e adaptar as suas estratégias para se tornarem e permanecerem competitivos. Com estes ajustes, as explorações agrícolas começaram a ser geridas como empresas e as explorações agrícolas são consideradas fábricas, no sentido em que todos os processos na exploração agrícola são planeados, monitorizados e geridos em grande escala (Louw et al., 2017).

Com a industrialização das explorações agrícolas e a expansão a um ritmo acelerado, estas explorações cresceram enormemente. Outra tendência na agricultura é que estão a ser criadas economias de escala e estas explorações estão a ficar cada vez maiores, pelo que as pequenas explorações acabam por ser vendidas a estas grandes explorações, uma vez que não conseguem competir a esta escala (Lowder, Skoet, & Singh, 2014). Isto também levou a uma profissionalização do sector agrícola, e os agricultores que ainda trabalham com mentalidades mais antigas e preconceitos emocionais tendem a travar o crescimento destas explorações.

Quando questionados sobre os preconceitos emocionais dos agricultores, tornou-se claro que muitos agricultores ainda estão emocionalmente ligados à sua exploração agrícola e foi encontrada uma forte correlação com os agricultores que herdaram terras ou que cultivam terras que estão na família há muitas gerações. O Participante 2 também observou que estas emoções e preconceitos associados são menos prevalecentes entre os agricultores de grande escala e irão diminuir nos próximos cinco a dez anos. O participante 6 também observou que esses agricultores, influenciados por suas emoções, são mais propensos a vender terras altamente produtivas para manter terras marginais com menor potencial de rendimento, devido ao preconceito emocional que têm em relação a essas terras que estão na família há gerações.

O quadro 9, na pág. 45, mostra que as respostas confirmam estas emoções e preconceitos que podem influenciar as decisões que tomam e que nem sempre são do interesse da empresa agrícola, mas sim do seu interesse ou do interesse da sua família que tem sentimentos emocionais em relação a esse país.

O quadro 10, na pág. 45, também confirma que a vida numa exploração agrícola continua a ter um aspeto de estilo de vida e que a maioria dos inquiridos afirma que muitos agricultores gerem a sua exploração como uma combinação de estilo de vida e de negócio e tentam equilibrar estes dois aspectos.

6.5 Discussão dos resultados da proposta de investigação 3

Tese 3: Os agricultores compreendem os factores de valor das suas explorações e o impacto das suas acções.

O objetivo deste projeto de investigação era descobrir se os agricultores compreendem os factores de valor para as suas empresas agrícolas e qual o impacto das suas acções quando o foco se desvia deste aspeto. Para tal, precisávamos de saber se os agricultores são bons empresários e se compreendem tanto a vertente técnica da agricultura como os princípios empresariais que acrescentam valor às suas explorações.

Panicker et al. (2015) argumentam que outra causa de declínio é a má gestão em várias áreas funcionais da organização. Os resultados da terceira questão de investigação referem-se à questão de saber se os agricultores são bons empresários e se compreendem os factores de valor que impulsionam o sector agrícola e as suas empresas agrícolas. A maioria dos inquiridos considerou que os agricultores não são necessariamente bons empresários, uma vez que lhes faltam conhecimentos técnicos, tanto em termos dos conhecimentos agrícolas necessários para ser um bom agricultor como da perspicácia de um bom empresário. Muitos agricultores tendem a ter um bom domínio de uma destas caraterísticas, mas muito raramente têm ambas. Os inquiridos também indicaram que um agricultor que possua ambas as caraterísticas tem mais probabilidades de ser bem sucedido na sua atividade. O quadro 11 da pág. 47 confirma o argumento de que estes agricultores são uma minoria e que a maioria dos agricultores são muito bons agricultores, mas carecem de conhecimentos de planeamento financeiro e de outras competências empresariais.

Quando se pergunta se os agricultores são mais reactivos do que proactivos, o quadro 12 da pág. 47 mostra claramente que os agricultores são reactivos e que não há muito planeamento na prática agrícola. O declínio organizacional é frequentemente o resultado de uma má gestão e planeamento, o que é irónico, uma vez que a gestão tem controlo direto sobre todas as funções mencionadas, tais como o planeamento financeiro, o fluxo de caixa e a gestão do balanço. A gravidade do declínio também deve ser considerada antes de se tomar qualquer medida corretiva.

As estratégias de recuperação são classificadas em dois grupos de medidas: medidas estratégicas e medidas operacionais. Trahms et al. (2013) argumentam que as percepções dos gestores têm três níveis, nomeadamente: a consciência do declínio, a atribuição do declínio e, finalmente, a gravidade do declínio.

Velez-Castrillion et al. (2015) apresentam duas acções claras que podem ser tomadas quando as organizações se encontram em dificuldades financeiras. Os participantes afirmam claramente no Quadro 12, na pág. 46, que os agricultores são reactivos e que as estratégias de recuperação proactivas não funcionariam na maioria dos casos; estas medidas são também descritas como medidas estratégicas e operacionais. Se os agricultores estiverem em dificuldades financeiras, é provável que também sejam reactivos nas suas medidas de recuperação. As medidas operacionais, que incluem a redução dos custos e dos activos, seriam as medidas de recuperação mais bem sucedidas que podem ser tomadas quando uma exploração se encontra em dificuldades. Se a gravidade do declínio for menos problemática, podem ser implementadas estratégias proactivas. Se houver tempo e margem de manobra. A margem de manobra organizacional refere-se à quantidade de alavancagem disponível numa organização (Marlin & Geiger, 2015). Se não houver espaço organizacional disponível, os agricultores devem adaptar-se ao ambiente em rápida mudança e alterar as suas práticas de gestão para se tornarem gestores proactivos e não reactivos. Se isto estiver para além das suas capacidades, deve ser nomeada uma pessoa para tomar conta destas acções que eles possam implementar. Analisando de perto este modelo de recuperação, as acções estratégicas incluem a procura de novos mercados, a aquisição de novos recursos e o reposicionamento ou diversificação. Se a sua empresa for reactiva por natureza, não poderá implementar estas estratégias porque já se encontra em dificuldades financeiras e estas opções de recuperação custam tempo e dinheiro, que não tem. Isto significa que terá de recorrer a medidas operacionais e implementar uma das duas medidas de poupança de custos, nomeadamente a redução de custos ou de activos.

Capítulo 7 - Conclusão

7.1 Introdução

O capítulo 7 apresenta as conclusões finais, retomando os objectivos de investigação definidos no início do estudo e analisando os resultados e as discussões dos capítulos 5 e 6. Os resultados mais importantes são realçados e são feitas recomendações. São também apresentadas limitações e sugestões para investigação futura.

7.2 Objectivos da investigação

Considerando a importância do agronegócio e sua contribuição para o desenvolvimento econômico, bem como sua função como principal fonte de subsistência para muitas pessoas na comunidade rural (Ullah, Shivakoti, Zulfiqar, & Kamran, 2016), é importante entender e obter insights sobre o processo de recuperação no setor agrícola, especialmente o conceito de cognição de angústia a partir de uma perspetiva de gestão interna (Burbank, 2017; Panicker, Sunitha; Manimala, 2015; Trahms, Ndofor, & Sirmon, 2013; Velez-Castrillon & Angert, 2015) e como os agricultores podem gerir o declínio económico e a recuperação das suas respectivas empresas agrícolas. O contexto em que o ambiente agrícola está atualmente a funcionar é descrito como volátil, incerto, complexo e ambíguo (Bennett & Lemoine, 2014). O sector agrícola sul-africano enfrenta atualmente uma montanha-russa de emoções, atormentado por vários desafios, como secas extremas, preços baixos dos produtos de base, doenças animais, roedores nas culturas e nas pastagens e vários outros actos extremistas, como a apropriação de terras e os assassínios nas explorações agrícolas, ao mesmo tempo que se registam colheitas abundantes de culturas como o milho e a soja.

7.3 Resultados mais importantes

Os resultados mostram que a interação de factores internos e externos contribui para o declínio da empresa e que é um desafio permanente equilibrar a gestão desses factores e desenvolver uma estratégia de recuperação viável para todos os intervenientes na empresa. Este estudo identificou quatro conclusões fundamentais que têm um impacto significativo no processo de recuperação de uma exploração agrícola. Estas quatro constatações-chave são discutidas

Conclusão principal 1 O "jóquei" ou a direção desempenha um papel central no processo de recuperação.

Os resultados do presente estudo confirmam que as empresas agrícolas operam num ambiente de dupla pressão. Estas explorações, como a maioria das empresas, não estão imunes à turbulência económica e à incerteza. No entanto, neste estudo, e em conjugação com a literatura, estas explorações são fortemente influenciadas pelas decisões e acções da gestão. Estes factores são influenciados pela adequação do gestor e da gestão de topo ao contexto específico da exploração agrícola (Panicker, Sunitha; Manimala, 2015). No entanto, este é um grande dilema numa exploração agrícola familiar, uma vez que o diretor-geral ou a gestão de topo não podem ser substituídos, pois, na maioria dos casos, são os proprietários.

Nestas circunstâncias, a gestão da exploração agrícola, que se agarra às memórias de sucessos passados e não consegue mudar e desaprender as suas estruturas cognitivas, exerce uma enorme pressão sobre o processo de conversão. Os agricultores bem sucedidos experimentam e inovam (dentro do razoável) com as circunstâncias e desviam-se das práticas habituais.

A direção também actua como um "filtro" para a organização. A direção determina a estratégia da organização através da interpretação do ambiente em que a organização opera e do seu posicionamento nesse ambiente. Por conseguinte, é inconcebível que interpretações erróneas por parte da gestão possam causar dificuldades às organizações (Panicker, Sun Recomendação Embora Embora os agricultores não tenham controlo sobre os factores externos que afectam a sua atividade, têm controlo sobre certas decisões e acções. Presume-se que os agricultores com operações bem sucedidas tomam decisões rápidas e implementam estratégias para mitigar os riscos externos. No entanto, ainda há um número significativo de agricultores que precisam de coaching, treinamento e mentoria para gerenciar esses riscos de forma flexível e precisa (Itha; Manimala, 2015; Trahms, Ndofor, & Sirmon, 2013).

Resultado principal 2 O planeamento financeiro é o roteiro para a implementação do processo de recuperação.

Este estudo sublinhou a importância do planeamento financeiro para a longevidade da exploração agrícola, que é particularmente importante na fase de declínio e transição. A falta generalizada de planeamento financeiro impede o desenvolvimento da prosperidade e do sucesso financeiro (Vink & Rooyen, 2009).

As consequências de projectos sem um planeamento financeiro adequado não têm potencial para serem bem sucedidos. Os agricultores são encorajados a adotar uma abordagem mais pró-ativa das suas finanças e a adotar as estratégias certas para garantir o seu futuro na exploração agrícola.

Yih (2017) comparou o planeamento financeiro a um mapa de estradas. Um mapa rodoviário tem sempre um ponto de partida e um destino. O mesmo se aplica às suas finanças, onde se começa com um projeto e onde ou o que se quer alcançar no final. O essencial é a forma como se vai do início ao fim. As direcções, os cruzamentos e os locais onde se pode mudar de direção devem ser planeados, para que o caminho seja menos incerto e, muitas vezes, se chegue ao destino muito mais depressa se o planear (Yih, 2017).

Burbank (2005) propõe um processo clássico de recuperação em cinco fases, nomeadamente a análise da situação, a mudança de gestão, as medidas de emergência, a reestruturação da empresa e, finalmente, o regresso à normalidade.
Recomendação Para que os os agricultores possam melhorar a sua situação financeira, precisam de desenvolver um plano financeiro abrangente e a longo prazo que cubra vários aspectos da sua atividade agrícola e das suas finanças, como o planeamento patrimonial, os investimentos, o fluxo de caixa, a dívida, os seguros e o planeamento da continuidade, por exemplo, sucessão, seguros e poupanças.

Resultado principal 3Medidas operacionais As medidas operacionais (redução de custos e de activos) são as únicas medidas de recuperação viáveis que podem recuperar uma exploração num ambiente reativo. num ambiente reativo.

Embora a singularidade do sector agrícola tenha sido realçada no estudo, a literatura, sob a forma do modelo de recuperação alargado de Trahms et al. (2012), mostra que a recuperação é influenciada pelas medidas tomadas. Essas medidas podem ser estratégicas ou operacionais. Veez-Castrillion et al. (2015) confirmam as duas medidas diferentes que podem ser usadas para dar a volta às empresas em dificuldades financeiras.

O estudo mostrou também que os agricultores são mais reactivos do que proactivos nas suas explorações e que, por conseguinte, só podem ser tomadas medidas operacionais, sendo as reduções de custos e de activos as únicas medidas corretivas viáveis que podem ser utilizadas nas suas explorações.
RecomendaçãoRecomenda-se Recomenda-se que as explorações agrícolas desenvolvam um plano de negócios a médio e longo prazo e se tornem mais pró-activas nos seus esforços para crescer e criar um negócio sustentável. Estes planos de negócios centrar-se-ão em acções estratégicas e operacionais e incluirão a diversificação, a aquisição de novas tecnologias e o reposicionamento das suas empresas para o crescimento futuro.

7.4 Limitações deste estudo

Durante o inquérito, foram identificadas as seguintes limitações:

- O investigador utilizou uma amostragem intencional, o que pode ter influenciado o seu preconceito em relação ao estudo. Embora o investigador tenha tomado todas as medidas para excluir a parcialidade, outros métodos de amostragem poderiam ter sido mais adequados.

- Este estudo foi realizado apenas com inquiridos de grupos de partes interessadas de uma empresa. Isto significa que certos pontos de vista podem ter sido influenciados pela cultura e política organizacionais. Se a amostra tivesse sido recolhida em diferentes empresas, poderia ter proporcionado uma compreensão ainda mais profunda de questões como o declínio e a reestruturação organizacionais.

- Uma vez que alguns grandes agricultores não estavam disponíveis, foi necessário efetuar uma série de entrevistas com agricultores que ainda são considerados bem sucedidos, embora cultivem numa escala muito mais pequena.

- O estudo foi efectuado principalmente nas regiões do Noroeste, Mpumalanga e Limpopo, centrando-se nas explorações de regadio e não incluindo as grandes zonas agrícolas de sequeiro, como o Free State e o Western Cape.

7.5 Recomendações para investigação futura

Os resultados deste estudo baseiam-se numa amostra relativamente pequena de explorações agrícolas e apenas numa empresa agroindustrial no contexto sul-africano. Apesar do âmbito limitado deste estudo, foram feitas as seguintes recomendações para investigação futura:

- Um estudo quantitativo, que se segue a este estudo, valida os resultados destas entrevistas.

- A transição da agricultura familiar para as grandes empresas não familiares.

- A viabilidade económica das explorações agrícolas inteligentes e a sua introdução nos países em desenvolvimento.

- A reforma agrária e o seu impacto na segurança alimentar no contexto sul-africano.

- Recapitalização das terras actuais e desenvolvimento de uma ampla capacitação dos negros no sector agrícola.

Referências

Agarwal, V., & Taffler, R. (2008). Comparing the performance of market-based and accounting-based bankruptcy prediction models. *Journal of Banking and Finance*, *32*(8), 1541-1551. http://doi.Org/10.1016/j.jbankfin.2007.07.014

Almamy, J., Aston, J., & Ngwa, L. N. (2016). Uma avaliação do Z-score de Altman usando o rácio de fluxo de caixa para prever incumprimentos corporativos na recente crise financeira: Evidências do Reino Unido. *Journal of Corporate Finance*, *36*, 278-285. http://doi.org/10.1016/j.jcorpfin.2015.12.009

Altman, E. I. (1968). Associação Financeira Americana, Wiley. *The Journal of Finance, Vol. 23, NO. 4*, *40*(3), 589-609. disponível em http://www.jstor.org/stable/2978933

Balcaen, S., Manigart, S., Buyze, J., & Ooghe, H. (2012). Firm exit after distress: Differentiating between bankruptcy, voluntary liquidation and M&A. *Small Business Economics*, *39*(4), 949-975. http://doi.org/10.1007/s11187-011-9342-7

Balcaen, S., & Ooghe, H. (2006). 35 years of entrepreneurial failure studies: a review of classical statistical methods and the problems associated with them. *British Accounting Review*, *38*(1), 63-93. http://doi.org/10.1016/j.bar.2005.09.001

Barker, V. L. (2016). Mudança Estratégica no Processo de Turnaround : Teoria e Evidências Empíricas Autor(es): Vincent L . Barker III e Irene M . Duhaime Publicado por : Wiley URL estável : http://www.jstor.org/stable/3088193 Acedido em : 24-05-2016 20 : 12 UTC STRATEGIC CHANGE, *18*(1), 13-38.

Beaver. (1966). Financial ratios as predictors of failure Autor (es) : William H . Beaver Fonte : Journal of Accounting Research , Vol . 4 , Empirical Research in Accounting : Selected Publicado por : Wiley em nome de Accounting Research

Centre , Booth School of Busi, *4*(1966), 71-111. Recuperado de

http://www.jstor.org/stable/2490171

Bennett, N., & Lemoine, G. J. (2014). Que diferença faz uma palavra: Compreender as ameaças ao desempenho num mundo VUCA. *Business Horizons*, *57*(3), 311-317. http://doi.org/10.1016/j.bushor.2014.01.001

BFAP, B. (2017). Linha de base 2017 - 2026.

Botha, P. (2016). Gerir uma exploração agrícola em dificuldades financeiras. Recuperado em 6 de maio, 2017, de http://www.farmersweekly.co.za/agri-business/agribusinesses/managing-a-farming-business-in-financial-distress/

Bourgeois, L. J. I. (1981). On the measurement of organisational slack. *Academy of Management Review*, *6*(1), 29-39. http://doi.org/10.2307/257138

Bowman Gilfillan. (2012). Aumentam os resgates de empresas, caem as liquidações - Moneyweb. Obtido em 1 de maio de 2017, de https://www.moneyweb.co.za/archive/business- rescues-surge-liquidations-decline/

Braun, V., & Clarke, V. (2006). *A aplicação da análise temática em psicologia. Qualitativa Investigação em Psicologia* (3ª ed., vol. 3). Investigação em psicologia.

http://doi.org/10.1191/1478088706qp063oa

Burbank, R. K. (2017). O processo clássico de reviravolta em cinco etapas:, *8*(2), 53-58.

Cater, J., & Schwab, A. (2008). Estratégias de recuperação em pequenas empresas familiares estabelecidas
Empresa. *Family Business Review*, *21*(1), 31-50.

Crotty, J. (2009). Structural causes of the global financial crisis: A critical assessment of the "new financial architecture". *Cambridge Journal of Economics*, *33*(4 SPEC. ISS.), 563-580. http://doi.org/10.1093/cje/bep023

Cybinski, P. (2001). Descrição, explicação, previsão - a evolução dos estudos sobre falências? *Managerial Finance*, *27*(4), 29-44. http://doi.org/10.1108/03074350110767123

D'aveni, R. A. (1989). The aftermath of organisational decline: A longitudinal study of the strategic and managerial characteristics of firms in decline. *Academy of Management Journal*, *32*(3), 577-605. http://doi.org/10.2307/256435

DAFF. (2015). Análise económica da agricultura sul-africana. *Departamento de Agricultura, Florestas e Pescas*, *1*, 1-18.

Relatório anual do DAFF. (2016). Lista de conteúdos. *Dalton Transactions*, *40*(43), 11331. http://doi.org/10.1039/c1dt90165f

Davis, J., & Goldberg, A. (1957). *A Concept of Agribusiness*. Boston: Apline Press.

Delgado, J., Pollard, S., Pearn, K., Snary, E. L., Black, E., Prpich, G., & Longhurst, P. (2016). Febre aftosa no Reino Unido: uma avaliação sistémica dos riscos existentes Controlos. *Risk Analysis*, *37*(9), 1768-1782. http://doi.org/10.1111/risa.12704

Eichengreen, B., Park, D., & Shin, K. (2012). When fast-growing economies slow down: International evidence and implications for China. *Asian Economic Papers*, *11*(1), 42-87. http://doi.org/10.1162/ASEP_a_00118

Francis, J. D., & Desai, A. B. (2005). Situational and organisational determinants of turnaround. *Management Decision*, *43*(9), 1203-1224. http://doi.org/10.1108/00251740510626272

Grice, J. S., & Ingram, R. W. (2001). Tests of the generalisability of the Altman bankruptcy prediction model (Testes de generalização do modelo de previsão de falência de Altman). *Journal of Business Research*, *54*(1), 53-61. http://doi.org/10.1016/S0148-2963(00)00126-0

Grower, A. F. (2013). CÓDIGO LARANJA: A mancha preta dos citrinos está de volta.

Guha, M. (2016). Organisational slack in declining firms and surviving firms (Folga organizacional em empresas em declínio e empresas sobreviventes). *Journal of Strategy and Management*, *9*(1), 93-114. http://doi.org/10.1108/JSMA-11-2014- 0092

Heine, K., & Rindfleisch, H. (2013). Organisational decline. *Journal of Organisational Change Management*, *26*(1), 8-28. http://doi.org/10.1108/09534811311307888

Hofer, C. W. (1980). Turnaround strategies. *Journal of Business Strategy*, *1*(1), 19. http://doi.org/10.1108/eb038886

Hotchkiss, E., Carroll, W. E., College, B., & Smith, D. C. (2014). O capital privado e a Resolution of Financial Distress * Stockholm School of Economics , Este projeto: janeiro de 2014.

Inglehart, R., & Norris, P. (2016). Trump, Brexit e a ascensão do populismo: Have-Nots econômicos e reação cultural. *Revista Eletrónica SSRN*. http://doi.org/10.2139/ssrn.2818659

Kilian, L. (2014). Oil Price Shocks: Causes and Consequences [Choques no preço do petróleo: causas e consequências]. *Revisão Anual de Resource Economics*, *6*, 133-54. http://doi.org/10.1146/annurev-resource- 083013-114701

Kingwell, R. S., & Xayavong, V. (2017). Como a seca afecta as caraterísticas financeiras das empresas agrícolas australianas. *Australian Journal of Agricultural and Resource Economics*, *61*(3), 344-366. http://doi.org/10.1111/1467- 8489.12195

Lakoff, A. (2017). Um conjunto frágil: a gripe aviária mutante e os limites da avaliação de risco. *Estudos Sociais da Ciência*, *47*(3), 376-397. http://doi.org/10.1177/0306312716666420

Lim, D. S. K., Nikhil, C., Morse, E. A., & Rowe, W. G. (2013). RETHINKING THE EFFECTIVENESS OF ASSET AND COST RETRENCHMENT: THE CONTINGENCY EFFECTS OF A FIRM'S RENT CREATION MECHANISM. *Academy of Management Journal, 34(2),* 42-61. http://doi.org/10.1002/smj

Lim, S., Berry, F. S., & Lee, K. H. (2016). Stakeholders in the Same Bed with Different Dreams: Semantic Network Analysis of Issue Interpretation in Risk Policy Related to Mad Cow Disease. *Journal of Public Administration Research and Theory*, *26*(1), 79-93. http://doi.org/10.1093/jopart/muu052

Lin, S. M., Ansel, J., & Andreeva, G. (2017). Prever o incumprimento das pequenas empresas utilizando diferentes definições de dificuldades financeiras. *Journal of Operational Society*, *248*(4), 539-548. http://doi.org/10.1057/jors.2011.65

Louw, A., van Zyl, J., Kirsten, J. F., Blinaut, C., Coetzee, G., & Geyer, M. (2017). *Finanças e gestão de operações*. (A. Louw & M. Geuer, Eds.) (6ª ed.). Joanesburgo: Standard Bank.

Lowder, S. K., Skoet, J., & Singh, S. (2014). O que é que realmente sabemos sobre o número e a distribuição das explorações agrícolas e das explorações familiares no mundo? *Documento de trabalho da ESA*, *14* 2(14), 38.

Lutz, W., Centre, W., Capital, G. H., Analysis, A. S., Program, W. P., Rogers, A., & Keyfitz, N. (2015). W olfgang L utz , W illiam P . B utz , and S amir KC (eds .) World Population and Human Capital in the Twenty-First Century, *41*(1), 158-161.

Maricica, M., & Georgeta, V. (2012). Análise de risco de falência de negócios usando rácios financeiros. *Procedia - Social and Behavioural Sciences*, *62*, 728-732. http://doi.org/10.1016/j.sbspro.2012.09.123

Marlin, D., & Geiger, S. W. (2015). Um reexame da folga organizacional e

Relação com a inovação. *Journal of Business Research, 68*(12), 2683-2690.

http://doi.org/10.1016/j.jbusres.2015.03.047

Meena, R. S., Gogoi, N., & Kumar, S. (2016). Alarming questions on agricultural crop production and environmental pollution [Questões alarmantes sobre a produção de culturas agrícolas e a poluição ambiental]. *Journal of Cleaner Production*, *142*, 3357-3359. http://doi.org/10.1016/j.jclepro.2016.10.134

Morrow, J. L., Sirmon, D. G., Hitt, M. A., & Holcomb, T. R. (2007). Value creation in the face of declining performance: Corporate strategies and organisational recovery. *Strategic Management Journal*, *28*(1), 271-283. http://doi.org/10.1002/smj

Muller, G. H., Steyn-Bruwer, B. W., & Hamman, W. D. (2009). Predicting the financial distress of JSE-listed companies - comparison of techniques (Previsão das dificuldades financeiras das empresas cotadas na JSE - comparação de técnicas). *South African Journal of Business Management*, *40*(1), 21. http://doi.org/Article

Ndofor, H. A., Vanevenhoven, J., & Barker, V. L. (2013). Reviravoltas de empresas de software na década de 1990: Uma análise da inversão do declínio numa indústria dinâmica e em crescimento. *Strategic Management Journal*, *34*(9), 1123-1133. http://doi.org/10.1002/smj.2050

Ng, D., & Siebert, J. W. (2009). Towards a better definition of the field of agribusiness management. *International Food and Agribusiness Management Review*, *12*(4), 123-142.

Ohlson, J. a. (1980). Financial ratios and the probabilistic prediction of bankruptcy. *Journal of Accounting Research*, *18*(1), 109. http://doi.org/10.2307/2490395

Panicker, Sunitha; Manimala, M. J. (2015). Successful turnarounds: the role of appropriate entrepreneurial strategies. *Journal of Strategy and Management*, *8*(1), 40-21. http://doi.org/10.1108/JSMA-06-2014-0050

Panicker, S. (2011). Successful Turnarounds: The Role of Appropriate Entrepreneurial Strategies, (janeiro), 9-11.

Pearce, J. A., & Robbins, K. (1993). Towards improved theory and research on corporate turnaround. *Journal of Management, 19(3),* 613-636. http://doi.org/10.1016/0149-2063(93)90007-A

Pretorius, M. (2008). Critical Variables of Business Failure: a Review and Classification Framework (Variáveis críticas do insucesso empresarial: uma revisão e um quadro de classificação). *South African Journal of Economic and Management Sciences*, *11*(4), 408-430.

Pretorius, M. (2009). Defining business decline, failure and turnaround: a content analysis. *Southern African Journal of Entrepreneurship and Small Business Management*, *2*(1), 1-16. http://doi.org/10.4102/sajesbm.v2i1.15

Pretorius, M. (2014). Um quadro de competências para a profissão de praticante de resgate de negócios. *Ata Commercii*, *14*(2), 1-15. http://doi.org/10.4102/ac.v14i2.227

República Sul-Africana. (2008). Lei das Sociedades 71 de 2008, *Diário do Governo*, *526*(32121), 1-359. http://doi.org/10.1002/dir

Rockwell, S. (2016). Processos de identidade para desencadear uma reviravolta em resposta ao declínio organizacional. *International Journal of Business and Management*, *11*(3), 11. http://doi.org/10.5539/ijbm.v11n3p11

Sagar, S. S. M. (2012). Gestão integrada de riscos na agricultura: um estudo indutivo. *Journal of Risk Finance*, *13*(3), 199-214.

http://doi.org/10.1108/15265941211229235

Saunders, M., & Lewis, P. (2012). *Doing Research in Business & Management*. Pearson Education Limited.

Saunders, M., Lewis, P., & Thornhill, A. (2008). *Métodos de investigação para estudantes de gestão. Métodos de investigação para estudantes de gestão.* http://doi.org/10.1007/s13398-014-0173-7.2 Scheafer, S. (2011). The Great Recession's Biggest Bankruptcies: Where Are They?
Agora? Obtido em 6 de maio de 2017, de https://www.forbes.com/sites/steveschaefer/2011/08/10/the-great-recessions- biggest-bank-rotten-where-are-you-now/#6d348f5e4b7e

Schendel, D., Patton, G. R., & Riggs, J. (1976). Corporate Turnaround STrategies- Study of Profit and Recovery. *Journal of General Management, 3(3),* 3-11.

Schmitt, A., & Raisch, S. (2013). Corporate Turnarounds: The Duality of Retrenchment and Recovery. *Journal of Management Studies*, *50*(7), 1216-1244. http://doi.org/10.1111/joms.12045

Short, J. C., Ketchen, D. J., Palmer, T. B., & Hult, G. T. M. (2007). The influence of firm, strategic group, and industry on performance. *Strategic Management Journal*, *28*(2), 147-167. http://doi.org/10.1002/smj.574

Smith, M., & Graves, C. (2005). Corporate reorganisation and financial distress. *Zeitschrift für betriebswirtschaftliche Prüfung*, *20*(3), 304-320. http://doi.org/10.1108/02686900510585627

Situação dos procedimentos de recuperação de empresas na África do Sul. (2016). Obtido em 30 de abril de 2017, de http://www.cipc.co.za/files/8114/9131/0792/Status_of_Business_Rescue_in_South_Africa_December_2016_Version1_0.pdf

Stulpiniene, V., & Mazure, G. (2013). A procura de um preditor de dificuldades financeiras nas explorações agrícolas.

Trahms, C. a., Ndofor, H. a., & Sirmon, D. G. (2013). Organisational Decline and Turnaround: A Review and Agenda for Future Research. *Journal of Management*, *39*(5), 1277-1307. http://doi.org/10.1177/0149206312471390

Tran, B. (2017). O impacto do trauma organizacional no comportamento no local de trabalho e

Desempenho (pp. 221-245). http://doi.org/10.4018/978-1-5225-2021-4.ch009

Ullah, R., Shivakoti, G. P., Zulfiqar, F., & Kamran, M. A. (2016). Agricultural risks and uncertainties: Sources, impacts and management. *Agricultural Outlook*, *45*(3), 199-205. http://doi.org/10.1177/0030727016665440

Vaismoradi, M., Turunen, H., & Bondas, T. (2013). Análise de conteúdo e análise temática: implicações para a realização de um estudo descritivo qualitativo. *Enfermagem e Ciências da Saúde*, *15*(3), 398-405. http://doi.org/10.1111/nhs.12048

Velez-Castrillon, S., & Angert, C. (2015). Como a Sony recuperou o ritmo: um caso Estudo sobre a gestão de turnaround. *Revista de Inovação em Educação Empresarial*, *7*(2), 144-154 Retirado de http://ezproxy.ace.edu/login?url=http%3A%2F%2Fsearch.ebscohost.com%2Flogin.aspx%3Fdirect%3Dtrue%26AuthType%3Dip%2Cuid%26db%3Dbth%26AN%3D112137216%26site%3Deds-live%26scope%3Dsite

Vercammen, J., Trahms, C. a., Ndofor, H. a., Sirmon, D. G., A Presidência, Sun, J., ... Altman, E. I. (2012). Fazendo pesquisa em negócios e gestão. *Journal of Management*, *40*(3), 479-500. http://doi.org/10.1016/0149-2063(93)90007-A

Vink, N., & Rooyen, J. Van. (2009). O desempenho económico da agricultura no Sul África desde 1994: Impacto na segurança alimentar. *Divisão de Planeamento do Desenvolvimento*
Série de Documentos de Trabalho, (17). Obtido de http://scholar.google.com/scholar?hl=en&btnG=Search&q=intitle:The desempenho económico da agricultura na África do Sul desde 1994: impacto na segurança alimentar#0%5Cnhttp://scholar.google.com/scholar?hl=en&btnG=Search&q=intitle :O desempenho económico da agricultura na África do Sul

Yih, J. (2017). O planeamento financeiro é um caminho para a liberdade financeira. Recuperado de 3 de novembro de 2017, por https://retirehappy.ca/financial-planning-is-a-road-map-

à-liberdade-financeira/

Zvarikova, K., Spuchlakova, E., & Sopkova, G. (2017). Comparação internacional de variáveis relevantes nos modelos de falência selecionados para a gestão do risco. *Oeconomia Copernicana*, *8*(1), 143. http://doi.org/10.24136/oc.v8i1.10

Appendix 1: Matriz de coerência

Research Proposition	Literature Review	Data Collection Tools	Analysis
Research Proposition 1: Farmers monitor both internal and external factors leading to organisational decline equally well.	(Guha, 2016) (Ndofor et al., 2013) (Velez-Castrillion., 2015) (Pretorius, 2009) (Trahms et al., 2013) (Francis, Desai, 2005) (D'aveni, 1999) (Altman et al., 2014)	Interview Schedule: 5-8	Content Analyses of open ended questions
Research Proposition 2: Farmers' emotional bias distorts managerial cognition and leads to financial distress.	(Balcaen et al., 2012) (Panicker., 2011) (Lim et al., 2013) (Ng, Siebert, 2009) (Pretorius, 2014) (Schmitt et al., 2013) (Botha, 2016)	Interview Schedule: 9-12	Content Analyses of open ended questions

Research Proposition 3: Farmers understand the value drivers towards their farm businesses and the repercussions of their actions taken.	(Meena et al., 2016) (Ullah et al., 2016) (Kingwell., 2017) (Vink, van Rooyen, 2009) (Veccaman, 2007) (Sagar, 2012)	Interview Schedule: 13-16	Content Analyses of open ended questions

Appendix 2: Declaração de participação e consentimento

Instituto Gordon de Ciências Económicas

Universidade de Pretória

"Investigação do reconhecimento do stress em empresas agrícolas como precursor de uma reviravolta no contexto sul-africano".

Formulário de consentimento para a entrevista

Foi-me dada uma informação completa e foram-me apresentados os pormenores do estudo *"Investigating distress cognition for farmers as a precursor to turnaround in the South-African context".* O investigador deu-me a oportunidade de pedir informações adicionais sobre o estudo e recebi respostas satisfatórias às minhas perguntas.

Estou ciente de que a minha entrevista será gravada para garantir a documentação exacta das minhas respostas. Estou igualmente ciente de que as citações da minha entrevista poderão ser incluídas na publicação resultante desta investigação, embora a publicação da dissertação seja anónima.

Fui igualmente informado(a) de que posso desistir da minha participação em qualquer altura, sem ter de pagar qualquer penalização, bastando para tal informar o investigador. Por último, aceito participar neste estudo de livre vontade.

Assinatura do participante | data

Investigador: Jan-Hendrik Human | data

Appendix 3: Horário da entrevista

Instituto Gordon de Ciências Económicas

Universidade de Pretória

"Investigando a perceção de angústia nas explorações agrícolas como precursor de precursor da reestruturação no contexto sul-africano".

Horário da entrevista - Investigador: Jan-Hendrik Human

Em primeiro lugar, agradecer aos participantes pelo seu tempo.

Questões demográficas:

1. Introduza o seu sexo, idade e local de residência.
2. Qual é o seu papel profissional?
3. Descreva sucintamente há quanto tempo trabalha na agricultura?
4. Por que razão se descreveria como um especialista no domínio da agricultura?

Tese 1: Os agricultores controlam igualmente bem os factores internos e externos que conduzem ao declínio da organização.

O objetivo deste projeto de investigação era saber se os agricultores controlam os factores internos que conduzem a dificuldades financeiras da mesma forma que os factores externos, como as condições meteorológicas, o ambiente económico, etc.".

1. Considera que os agricultores controlam os riscos nas suas diferentes explorações? **(PORQUE)**
2. Na sua opinião, quais são os riscos externos que afectam a situação financeira dos agricultores?
3. Na sua opinião, o que é que os agricultores podem fazer a nível interno para contrariar estes riscos?
4. Podem os agricultores avaliar estes riscos igualmente bem, tanto a nível interno como externo? **(PORQUÊ) Proposição de investigação 2**: O preconceito emocional dos agricultores distorce a perceção do negócio e conduz a dificuldades financeiras.

"O objetivo deste projeto de investigação era descobrir se um agricultor é tendencioso devido ao valor sentimental que tem em relação ao agricultor e à própria exploração agrícola. Parte-se do princípio de que a agricultura é mais um estilo de vida do que uma profissão.

1. A agricultura continua a ser a mesma de há 20 anos?
2. Descreveria a agricultura como um estilo de vida ou, atualmente, tornou-se mais um negócio?
3. Diria que os agricultores estão emocionalmente ligados às suas explorações?
4. Porque é que os agricultores por vezes fecham os olhos aos riscos potenciais?

Questão de investigação 3: Os agricultores compreendem os factores de valor para as suas explorações e o impacto das suas acções: *"O objetivo desta questão de investigação era descobrir se os agricultores compreendem verdadeiramente os aspectos do seu negócio no contexto das suas explorações e o impacto das suas acções, ou se apenas agem com base na forma convencional que lhes foi ensinada pelas gerações anteriores.*

1. Os agricultores são bons empresários? **(PORQUÊ)**
2. Os agricultores compreendem porque é que precisam de fazer certas coisas? (por exemplo, estabelecer um fluxo de caixa, cobertura de riscos?)
3. Os agricultores estão a planear com antecedência?
4. O que distingue os agricultores bem sucedidos dos agricultores que enfrentam dificuldades financeiras?

Apêndice 4: Lista de codificação das entrevistas

Research Question	Interview Question	Indicator	Codes	Main Themes	Sub-Themes
1	5	External Factors influencing agriculture	CC1	Climate Change	Drought
			CC2		Hail
			CC3		Warmer Climate
			MC1	Market Conditions	Price Volatility
			MC2		Input Costs
			MC3		Inflation
			MC4	Political	Policies
			MC5		Land Appropriation
			MC6		Farm Murders
	6	Internal Factors influencing agriculture	RM1	Risk Mitigation	Insurance
			RM2		Crop Insurance
			RM3		Hedging
			RM4	Financial Planning	Cash Flow Management
			RM5		Financial Measurement
			RM6		Balance Sheet Management
	8 & 14	Financial Planning is present in farm businesses	FP1	Yes	Yes, all do financial planning
			FP2		Yes, Majority do financial planning
			FP3	No	No, they don't do financial planning
			FP4		No, the minority do financial planning
2	9	How much have changed over the last 20 years in agriculture	AC1	Yes	Technology
			AC2		Margins
			AC3		Professionalism

			AC4		Diversification
			AC5	No	
	10	Sentimental value influence on actions	SV1	Yes	Cause them to make bad decisions
			SV2		Inheritance
			SV3	No	No, Farmers are more professional
	11	Agriculture is more a lifestyle than business	LB1	Yes	Farming is a Lifestyle
			LB2		Combination of Business and Lifestyle
			LB3	No	Farming is a Business
			LB4		Combination of Business and Lifestyle
	12	Biases are created by emotions of farmers	EB1	Yes	Yes it these factors influence Operations
			EB2		Yes, it only influences the majority
			EB3	No	No, this has no effect
			EB4		No, this influences only minority
3	13	Jockey is both good farmer and businessmen	GFB1	Yes	Yes, only successful farmers
			GFB2		Yes, only minority falls in this category
			GFB3	No	No, farmers are only one of them
			GFB4		No, farmers employ expertize
	15	Differentiation between successful farmers and financial distressed farmers	SF1	Successful Farmers	Financial Planning
			SF2		General Knowledge
			SF3		Pro-Active
			SF4		Luck
			SF5		Risk Management
			SF5	Financial Distressed	No Planning
			SF6		Stuck in their ways
			SF7		Good at only one dimension

			SF8		Lack of business insights
	16	Strategic vs Operational Actions	SOA1	Pro-Active	New Markets
			SOA2		Diversification
			SOA3		Value added
			SOA4		Technology Expansion
			SOA5	Re-Active	Cost Retrenchment
			SOA6		Asset Retrenchment

Apêndice 5: Resumo dos participantes

Group		Gender	Age	Job Title	Region	Field of Speciality	Qualification	Years' Experience
Grouping	Participants							
Agricultural Experts	Participant 2	Male	49	Financial Marketer Manager	North-West	Finance, Credit & Field Crops	Post Graduate	25
	Participant 4	Male	47	Manager: Product and Strategic Developer	Gauteng	Finance, Hedging & Permanent Crops	Post Graduate	24
	Participant 5	Male	29	Business Manager	Limpopo	Finance & Sales	Post Graduate	7
	Participant 6	Male	47	Business Manager	Limpopo	Cattle	Post Graduate	30
Financial Marketers	Participant 1	Male	30	Financial Marketer	Limpopo	Finance & Sales	Post Graduate	4
	Participant 3	Male	57	Financial Marketer	Mpumalanga	Finance & Hedging	Graduate	31
	Participant 7	Male	61	Financial Marketer	Limpopo	Financial Planning	Graduate	38
	Participant 12	Male		Financial Marketer	North-West	Finance & Poultry	Graduate	
Farmers	Participant 8	Male	54	Farmer: Owner	Limpopo	Cotton, Citrus & Field Crops	Graduate	33

	Participant 9	Male	35	Farmer: Owner	Limpopo	Tobacco, Potatoes & Vegetables	Matric	17
	Participant 10	Male	48	Farmer: Owner	Limpopo	Vegetables & Field Crops	Matric	12
	Participant 11	Male		Farmer: Owner	Limpopo	Vegetables & Field Crops	Matric	

Apêndice 6: Autorização ética

Gordon
Instituto de Economia
Universidade de Pretória

Caro Jan-Hendrik,

Gostaríamos de informar que o seu pedido de autorização de saída do Efofoa foi aprovado.

Por conseguinte, o utilizador está autorizado a cifrar os seus dados.

LVe wfsih you everytfwtg of enemy best for ifie rest of enemy prp/ecf.

Com os melhores cumprimentos

Comité de Aprovação Ética da Investigação do MBA do GIBS

Índice

MIX
Papier aus verantwortungsvollen Quellen
Paper from responsible sources
FSC® C105338

Printed by Books on Demand GmbH, Norderstedt / Germany